图解

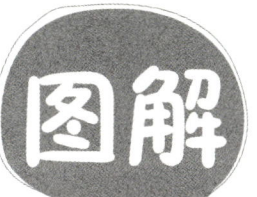

# 孩子成长期行为心理学

张良科◎编著

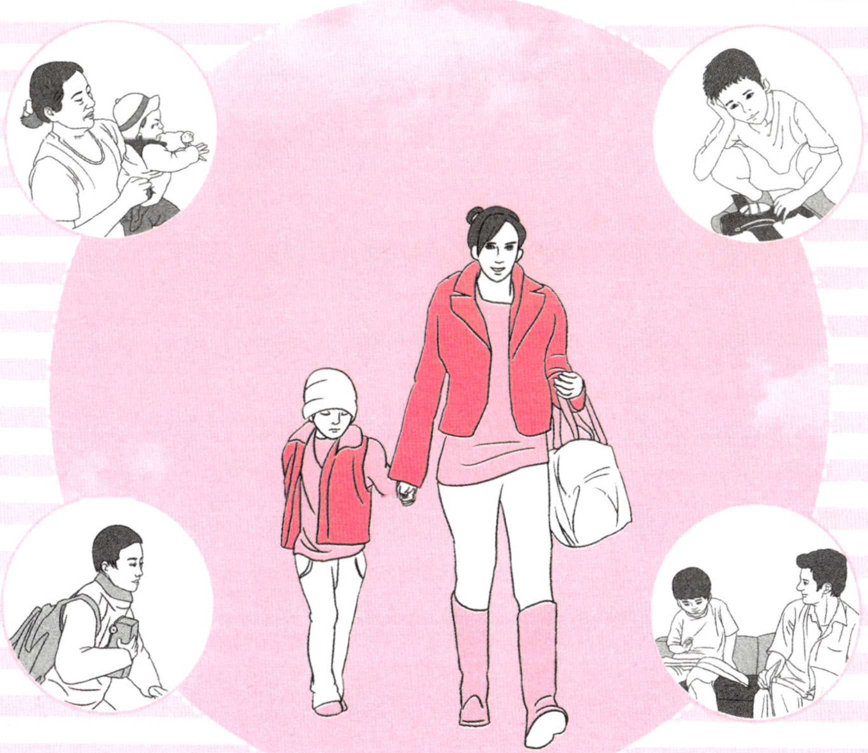

北京工业大学出版社

图书在版编目（CIP）数据

图解孩子成长期行为心理学/张良科编著.—北京：北京工业大学出版社，2016.6
ISBN 978-7-5639-4646-4

Ⅰ.①图⋯ Ⅱ.①张⋯ Ⅲ.①儿童心理学—图解②青少年心理学—图解 Ⅳ.①B844-64

中国版本图书馆CIP数据核字（2016）第081752号

## 图解孩子成长期行为心理学

| 编　　　著：张良科
| 责任编辑：马潇潇
| 封面设计：元明设计
| 出版发行：北京工业大学出版社
| 　　　　　（北京市朝阳区平乐园100号　邮编：100124）
| 　　　　　010-67391722（传真）　bgdcbs@sina.com
| 出 版 人：郝　勇
| 经销单位：全国各地新华书店
| 承印单位：北京海纳百川印刷有限公司
| 开　　本：787毫米×1092毫米　1/16
| 印　　张：15
| 字　　数：217千字
| 版　　次：2016年6月第1版
| 印　　次：2016年6月第1次印刷
| 标准书号：ISBN 978-7-5639-4646-4
| 定　　价：36.80元

版权所有　翻版必究

（如发现印刷质量问题，请寄本出版社发行部调换 010-67391106）

# 前言

美国著名的多产作家珍妮·艾里姆曾经说过："孩子的身上存在缺点并不可怕，可怕的是作为孩子人生领路人的父母缺乏正确的家教观念和教子方法。"父母是孩子的守护者，是与孩子最亲密的人，可随着孩子越来越大，许多父母都意识到一个问题：孩子最近究竟在想什么？没错，孩子的内心世界五彩斑斓，比你想象中的还要丰富。

另一位美国心理学家梅尔杰斯将"第三状态"的亚健康易感人群定义为：情绪低落、自卑、放任冲动、角色混乱。是的，当你内心的负面情绪与压力累积到了一定程度时，它们就会通过生理症状或者异常行为表现出来，最终引发身体疾病。

随着社会节奏的加快，我们身边处于花季的孩子也面临着心理疾病的困扰。事实是，在孩子成长的每个阶段，他们都会遇到各种各样承受不来的压力和负担，而这些都将会成为阻碍孩子健康成长的隐形杀手。

成长期，在年龄上大致定义为：0~18岁之间。0~18岁正是孩子塑造品格、培养习惯、快乐沟通、锻炼社交能力、管理情绪、提升学习能力的关键时期。这个时期的孩子面临着上学，成长环境发生改变等问题。同时作为父母，你可能不理解孩子为什么不听管教，不知道孩子为什么问题多多，甚至面对孩子的某些不良习惯，就要怒目相向，这些行为都在无意中伤害了孩子的心。

孩子是一张无瑕的白纸，纯洁且完美，甜美的笑容、稚嫩的童声、活泼的身影，这都是他们真实的写照。如果父母爱自己的孩子，必然会关心处于成长中的孩子的一点一滴。

教养孩子，就要从走进孩子的内心世界开始。

父母是孩子的守护者，是最爱孩子的人，而对很多父母来说，孩子的内心

世界，仍然是一个无法探索的神秘迷宫。

　　你可知道，孩子的一举一动，代表的可能是连他们自己都不曾意识到的需求。你可知道，孩子纯洁无瑕的大眼睛里面，隐藏着许许多多父母不知道的小秘密。

　　"这孩子在想什么？"每一位父母应该都在心里问过这个问题，就连最了解孩子的父母，有时候也不知道自己的孩子到底在想什么。也有很多父母会抱怨现在的孩子难教育，他们的行为总是让父母难以揣测，他们有时是一副天不怕地不怕的样子，有时候特别懦弱，有时候骄横霸道、任性无理，有时候又变得乖巧懂事、讲礼貌。因为宠爱孩子，所以父母会把孩子的这种善变的行为理解为他们未经世事，导致孩子的情绪表达会更加直接、更加强烈，但是大多数时候，他们的这些行为并非表示他们予取予求。实际上，这些行为的背后都隐藏着他们复杂的心理因素。

　　在孩子的成长过程中，每一个阶段都会出现不同的问题，而每一个问题都与孩子的心理、成长的特点有关。如果你能学会站在孩子的心理成长的角度看问题，关注孩子的内心世界，理解孩子行为背后的真正原因，那么你的"教育"于孩子而言才会是一件幸事。

　　当你不知道该如何解决孩子怕黑的问题的时候，当你不知道怎样劝说孩子不要盲目追星的时候，当你不知道如何应对孩子青春期的早恋问题的时候，当你不知道该如何解释孩子的古怪行为的时候，当你的孩子和你处处对着干你却无计可施的时候……那么，你就应该看一看关于孩子成长的心理学书籍。只有走进孩子的心里，你才能在应对孩子的问题时游刃有余，才能教育好你的孩子。

　　为此，本书在提供大量事实的基础上，将处于成长期的孩子容易遇到的心理困扰列举出来，并进行专业的剖析解读。每天学点儿心理学，每天改变自己一点儿，每天多了解自己的孩子一些，终会在孩子的教育方面收到良好的效果。

# 目录

## 第一篇 成长期的孩子你要懂

### 第一章 孩子心里藏着小秘密 / 3

孩子怕黑，这是心理问题吗 / 3

孩子很喜欢模仿，有办法解决吗 / 8

五岁了还带着玩具熊，怎么回事 / 13

孩子很依赖妈妈，该怎么办 / 17

不用幼儿园的餐具吃饭，是不是很任性 / 22

看见不喜欢的菜就会吐，长大就会好吗 / 26

孩子的心理发展有"关键期"吗 / 31

### 第二章 随着成长，孩子学会了抵触 / 34

孩子变得爱生气、爱发脾气 / 34

做事莽撞的孩子该怎么引导 / 38

与父母对着干是典型的叛逆行为 / 41

个性倔强的孩子该如何引导 / 44

和父母"讲条件"说明孩子思维独立 / 48

孩子与父母顶嘴要一分为二地看 / 52

孩子受不了批评不全怪孩子 / 56

### 第三章 成长期孩子的心理诊断 / 59

孩子似乎有些抑郁 / 59

孩子嫉妒学习比他优秀的同学 / 64

避不开的"叛逆期" / 68

犯错误后，孩子开始对父母撒谎 / 73

拯救孩子的虚荣心 / 78

自卑的孩子没有自信 / 82

孤独和自闭关上了孩子的心门 / 87

## 第二篇 成长期孩子能力的培养

### 第一章 良好的社交能力助力孩子成长 / 93

孩子没有倾听的耐心 / 93

孩子变得比小时候自私，不喜欢分享 / 97

孩子学会了骂人 / 102

让孩子学会自己处理跟同学的矛盾 / 106

孩子不喜欢跟人合作 /111

孩子是别人眼中没有礼貌的顽童 / 115

社交恐惧症是心理疾病吗 / 120

### 第二章 学习能力关乎孩子的未来 / 125

帮孩子改正做作业爱磨蹭的习惯 / 125

学会消除孩子的焦虑心理 / 129

跟网络结合，孩子会越来越喜欢学习 / 134

培养孩子独立思考的能力 / 138

帮孩子克服厌学情绪的办法 / 142

缓解孩子的学习压力 / 145

## 第三篇 父母也有"成长的烦恼"

### 第一章 不要踏进孩子的心理雷区 / 153
进孩子房间要先敲门 / 153
每个孩子都讨厌父母的唠叨 / 157
孩子想和朋友在房间自己玩 / 161
孩子开始写日记了 / 166
说孩子"笨",使不得 / 170
在意孩子的缺点让他更自卑 / 174
"冷暴力"大危害 / 179
打扰到孩子了他会生气 / 184

### 第二章 开始出现沟通难的问题 / 187
孩子经常对父母说,"我只想一个人待着" / 187
孩子想要自己去旅行 / 192
孩子竟然说"说了你们也不懂",怎么办 / 196
为什么孩子总是不理解父母对他的好 / 201
孩子经常跟父母唱反调 / 205

### 第三章 曾经的乖孩子变样了 / 210
孩子竟然早恋了 / 210
孩子失恋了,父母该怎么办 / 215
孩子觉得奇装异服有个性 / 218
偶像为何让孩子如此着迷 / 223
孩子竟然拉帮结伙、搞小团体 / 227

# 第一篇 成长期的孩子你要懂

## 第一章 孩子心里藏着小秘密

### 孩子怕黑，这是心理问题吗

怕黑是孩子普遍存在的问题，轻度的怕黑是正常的，但是如果孩子过分怕黑，甚至惧怕黑夜，这将会影响孩子性格的正常发展。孩子怕黑并不是天生的，基本发生在3岁以后，是在孩子开始初步接触社会并渐渐开始懂事以后才出现的。很多父母对于孩子怕黑的问题总是不太重视，认为孩子还小，怕黑是正常的，等到孩子有些过分怕黑的时候却不知道该如何做。父母没有及时查出孩子怕黑的原因，也没有对孩子进行正确的引导，从而让孩子产生心理上的疾病。

孩子对黑暗产生的恐惧心理很大程度上来源于条件反射，如果孩子曾经在黑暗中受到过惊吓，或者看过或想象过某些存在于黑暗中的恐怖事物，他就很有可能将黑暗与这些恐怖形象联系在一起，形成条件刺激。当孩子再次进入黑暗的环境中的时候，孩子就会有条件反射，产生恐惧心理。

然而，很多父母或者监护人在照看孩子的时候，不愿意让孩子在晚上外出，他们就会编造一些关于黑夜鬼怪的形象来吓唬孩子，从而阻止孩子外出。他们或者给孩子讲一些关于黑暗和鬼怪的故事，让孩子看一些关于黑暗和鬼怪的电视节目和故事书等，这些都有可能是导致孩子对黑夜产生恐惧心理的原因。

孩子由于年龄比较小，他们只能想到自己看到过的事物，但是怕黑的孩子已

经知道看不见的东西也是有可能存在的,只不过是因为黑暗遮住了这些事物所以人们没有办法看到罢了,这说明这些怕黑的孩子对事物有了更为深刻的认识,只不过因为孩子受到年龄的限制,心理发育还不成熟,所以他们不会明白,原本不存在的东西,并不会在黑暗中滋生出来。因而孩子很有可能会想象有怪兽或者凶

### ❤❤❤ 帮助孩子减轻对黑暗的恐惧感 ❤❤❤

很多孩子之所以害怕黑暗是因为他们容易把自己想象的事物跟现实区分不开,所以父母可以帮助孩子区分现实与虚幻,让孩子逐渐不再害怕黑暗。

**首先**:这些都是假的,我们不会遇到的。

父母可以和孩子一起看电视,对其中的恐怖镜头加以解释,及时引导,并告诉孩子现在住的地方很安全,从而减轻孩子的焦虑。

**其次**:这有什么害怕的,你看妈妈都不怕!

父母一定要做个不怕黑的勇敢者,孩子很容易模仿父母,看多了父母的勇敢举动之后孩子自然就不怕了。

**最后**:

如果孩子怕黑的情况非常严重,父母一定要及早请教医生,查清楚是不是夜盲症在作怪。

对于孩子怕黑的情况,父母千万不要只是认为孩子胆小,而应该查清楚原因,帮助孩子克服怕黑的问题。

恶的大狗藏在黑暗的地方，孩子喜欢的玩具也有可能在夜晚变成怪物……这就使孩子不敢在黑夜外出，害怕任何黑暗的地方。孩子的恐惧心理在很大程度上来源于他们丰富的想象力和暂时无法区分现实与虚幻的分辨力，等到五六岁之后，孩子才能清楚地认识到什么是真实的，什么是虚幻的。

还有一种原因是孩子单纯的模仿。不可否认现在有很多年轻的父母自己本身就很怕黑，尤其是妈妈在带着孩子走夜路的时候就会显得十分紧张和焦虑这种不安的情绪很容易就会传染给孩子，从而加剧孩子怕黑的心理。由于孩子的学习能力特别强，很容易模仿父母的行为，所以有可能也会变得胆小怕黑。

如果孩子怕黑的程度十分严重，这就很可能并不只是心理的问题了，很可能是孩子患有夜盲症。英国格拉斯哥眼科专家戈登·达顿在《英国医学杂志》上描述了他所遇到的患有先天性夜盲症的孩子，这些孩子虽然在光线充足的环境下能看见东西，但是在黑暗中几乎什么也看不见。他发现，这些孩子无一例外地对黑暗感到极度的恐惧。夜盲症是由于缺乏维生素A而引起的一种眼疾，患者在黑暗环境下或者夜晚视力很差，甚至完全看不见东西。如果孩子真的极度怕黑，父母不要只是责怪孩子胆小，如果孩子怕黑的情况很严重的话父母要及时带孩子去请教医生，诊断孩子是否患有夜盲症。

豆豆的妈妈发现3岁的豆豆突然变得很怕黑，晚上不敢单独睡觉，上厕所也要妈妈跟着才敢去，要不然就算是尿裤子了也绝不去厕所。就算爸爸妈妈都在身边，如果有一个房间没有开灯，他也是坚决不进去的，更别说晚上让他自己在一个房间里了，总是大人走到哪里他就跟到哪里。吃完晚饭，妈妈去刷碗，豆豆也跟着去厨房，妈妈去洗衣服，他就站在洗衣间门口看着，就是不肯自己在客厅看电视，妈妈说房间都是相通的，妈妈完全可以听得到豆豆说话，也可以看到豆豆，可是豆豆还是不敢自己在客厅。

天一黑，豆豆就会变得特别慌乱和害怕，妈妈问他害怕什么，他只是摇头，却说不出怕什么，被问急了他就会哭起来。睡觉的时候他还不允许妈妈关灯，一

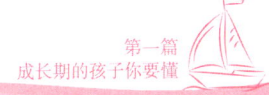

定要开着灯睡觉,有时等豆豆睡着了,妈妈就把灯关上,可是有时豆豆会半夜醒一次,他看到房间没有开灯就会吓得大哭。有一次,家里的保险丝断了,整个房间一片黑暗,这下豆豆可吓坏了,哇哇大哭起来,无论妈妈怎么安抚都没有用,等爸爸把保险丝接上,房间重新亮起来后,豆豆才慢慢停止了哭泣。

爸爸妈妈一直以为豆豆这么怕黑是因为他的胆子太小了,觉得随着他年龄的增长怕黑的情况会慢慢地好起来,可是豆豆的这种情况并没有随着时间的推移而有所好转,反而更加严重,豆豆的爸爸妈妈也开始担心孩子是不是有什么问题。

很多父母都会像豆豆的爸爸妈妈一样困惑,不明白为什么孩子突然在某一个时间点开始变得怕黑了,然后很多父母就会想当然地认为孩子是胆小,等孩子年龄大了自然就会好。然而,有的孩子即使上小学了还是会怕黑,这就需要父母去了解孩子怕黑的原因,是生理上的原因还是心理上的原因呢?如果是生理上的原因父母就要带孩子去医院接受治疗。如果是心理上的原因,不是很严重的话,父母可以通过及时的引导,帮助孩子战胜恐惧。

首先,父母应该要明确孩子产生恐惧心理的原因。比如,当孩子害怕黑暗的时候,父母不要只是安抚孩子,更不能批评或者嘲笑孩子,而是应该先弄明白孩子害怕的是什么,要认真和孩子沟通从而了解孩子产生恐惧心理的缘由,之后才能对症下药。当孩子倾诉的时候,父母千万不要嘲笑孩子,要认同孩子的恐惧并及早加以疏导,避免孩子因为害怕被嘲笑而不再与父母沟通。

其次,父母可以利用条件反射将黑暗与美好的事物联系起来。比如,父母可以给孩子建立黑暗也可以很美好的印象,可以带孩子在夜空下散步、观察美丽的星空、给孩子讲月亮上的嫦娥和玉兔,或者在黑暗中和孩子做一些有趣的小游戏,让孩子明白即使在黑暗中也可以有很多乐趣,也可以保持愉快的心情。当然,在晚上给孩子讲故事的时候,父母尽量不要讲一些有关黑暗的恐怖故事,这样会加剧孩子的恐惧心理,而应尽量讲一些美好的故事,让孩子建立黑暗——美好的条件反射,这样孩子就不会再对黑暗感到害怕了。

### 不同年龄段的孩子害怕的对象

外国心理研究人员调查发现，不同年龄段的孩子会对不同的事物产生恐惧心理。

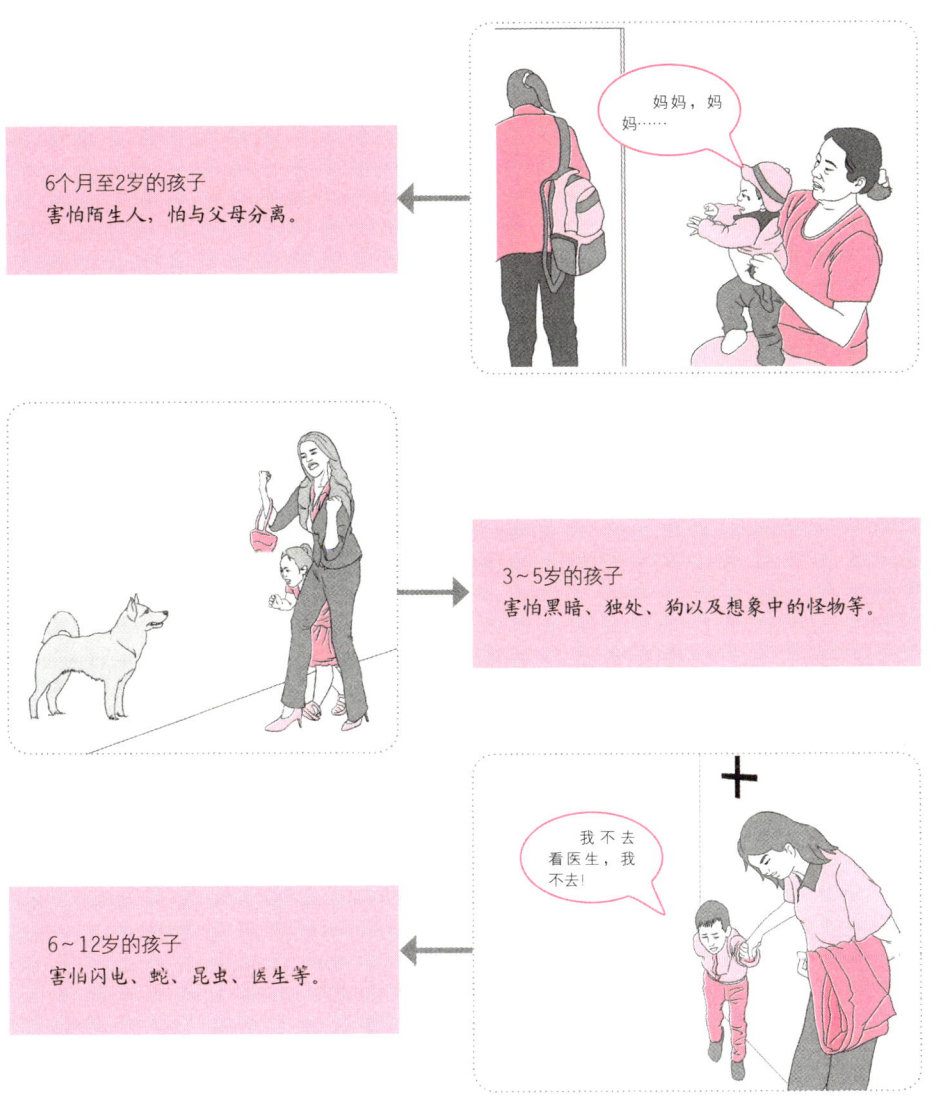

6个月至2岁的孩子
害怕陌生人，怕与父母分离。

3~5岁的孩子
害怕黑暗、独处、狗以及想象中的怪物等。

6~12岁的孩子
害怕闪电、蛇、昆虫、医生等。

这是孩子在成长过程中出现的自然现象，父母不必过于担忧，但是一定要谨慎对待。

## 孩子很喜欢模仿，有办法解决吗

几乎所有的父母都会发现，孩子在某一个阶段十分喜欢模仿大人，无论是语言还是动作，抑或是性格，他们都会去模仿。对此，很多父母喜忧参半，因为孩子模仿父母良好的行为，这让父母非常欣慰，但是孩子对父母的一些不良的行为也模仿得很起劲，父母很担心这样长久下去会对孩子的成长不利。面对孩子热衷于模仿这件事情，父母实在不知道是阻止好呢，还是不闻不问好？

从心理学上来讲，模仿是每个人都具有的一种行为，或者说是一种本能。在我们的日常生活中，我们每一个人都正在模仿或者有过模仿的行为，即有意或者无意地效仿和再现与他人类似的行为。可以这样说，"模仿效应"在孩子的成长中非常重要，它是孩子最基本的学习手段，也是我们人类创造发明新事物的基础。孩子生下来的时候就像一张白纸，他们之所以会学会各种各样的本领，有了自己的思想以及行为方式，这在很大程度上都要归功于孩子的模仿行为。由此可见，养育孩子，就应该培养他们的模仿能力，当然，还要引导孩子去模仿良好的行为。

因此，对于孩子的模仿行为，父母实在不必太过担忧，模仿是孩子的天性，也是孩子的学习方式。孩子的模仿行为大多是受到好奇心的驱使而发生的，而且整个模仿过程也是孩子学习的过程。好的习惯可以经由孩子的模仿而固定下来，坏的习惯如果父母不加以制止也可能会遗留下来，从而对孩子的成长产生不利的影响。因此，对于孩子的模仿行为，父母们要重视，及时引导，要知道孩子的模仿行为对其一生的成长都有非常重要的影响。

孩子在小的时候接触的事物非常有限，懂得的知识也很少，但是随着孩子年龄的增长，接触事物的范围不断扩大，视野变得更加开阔，在成长的过程中孩子开始通过模仿现实生活中、电影、电视剧或者书本中人物的行为来积累经验，并逐步将这种模仿转化为自己的行为。其实孩子在很小的时候就已经开始模仿了，比如孩子的牙牙学语，就是对成人交流说话的一种模仿，但是孩子由

于年龄小,只能模仿一些简单的行为动作。而当孩子到了三四岁的时候,他们的模仿能力会有很大程度的提高,模仿得也更加惟妙惟肖,对模仿的兴趣更是有增无减。

文博最近非常喜欢模仿大人的动作,就算是大人打一个喷嚏,他也会有模有样地学一下。一家人坐在沙发上看电视的时候,看到爸爸抬头,文博也立刻抬起头;爸爸接了个电话,文博看到后立刻拿起茶几上的电视遥控器装作打电话的样子,还跟真的一样在说话;妈妈说钟表不准了,让爸爸看一下是不是哪里坏了,文博看到爸爸在修钟表,他也非要修东西,于是拿着螺丝刀找出自己的玩具汽车认真地修了起来;爸爸修完之后伸了个懒腰,小家伙立刻放下螺丝刀,学着爸爸的样子也伸了个懒腰。这一系列的模仿把妈妈逗乐了,爸爸却不知道做什么好了,无论做什么文博都要学一学。

有时候,文博也会跟着妈妈学。有一次吃饭的时候,妈妈喊他:"文博,洗手吃饭了。"正在玩积木的文博听到后就说:"文博,洗手吃饭了。"文博洗完手来到了饭桌前,妈妈说:"坐下。"文博就说:"坐下。"妈妈夹了一块肉放在文博的碗中说:"多吃肉长得快。"文博也学着妈妈的样子夹一块肉放在妈妈的碗中说:"多吃肉长得快。"妈妈笑着说:"不要学我!"文博也笑着说:"不要学我!"看到文博这样,妈妈只好不说话只吃饭了,文博也立刻开始好好吃饭,不再说话。

原本学一些这样的行为或是父母的语言都没什么,有时妈妈还觉得这样会让文博学会很多的事情和提高语言表达能力。但是前不久,文博在看动画片的时候里面有一些卡通人物在打架,一个小人伸手就打了另一个小人的头一下,后来文博在与小朋友玩的时候学着电视上的样子伸手就打了一个小朋友的头一下,那个小朋友立刻就哭了,文博还开心地不得了,还对人家说:"这样打不疼,电视上都没哭,你干吗哭啊?"弄得妈妈赶紧给人家道歉。现在的电视节目,就算是动画片里也有很多的暴力镜头,文博又这么爱模仿,而妈妈又不能阻止孩子看电视,妈妈真担心文博会学坏呢。

模仿对孩子的成长发育以及认知能力都有很大的影响。因为这个时期的孩子受到心理发育的限制，判断能力比较差，还不具备分辨好坏的能力，他们只是对

## 为孩子营造良好的模仿环境

模仿是孩子学习的重要方式，为了让孩子养成良好的行为习惯，父母要注意为孩子营造良好的模仿环境。

首先，父母要给孩子做好榜样

孩子最喜欢模仿的是父母，所以在孩子面前，父母一定要注意自己的言行。

其次，让孩子少看电视

电视中的暴力等不良镜头对孩子的行为有非常不利的影响，所以父母要尽量少让孩子看电视。

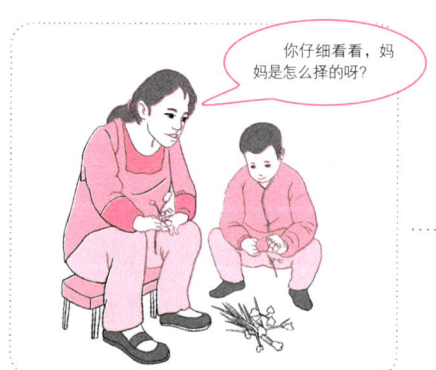

另外，支持孩子模仿

对于一些好的行为，孩子在模仿的时候，父母可以尽量放慢动作，让孩子去模仿。

好的行为就让孩子多接触，不好的行为就尽量不让孩子接触，让孩子在一个良好的行为环境中成长，这样对于孩子的模仿会产生有利的推动作用。

一些自己感兴趣的行为和语言进行模仿，却并不知道自己模仿的行为是好的还是坏的。就像例子中的文博这样，他对于爸爸妈妈还有电视中的行为动作都会去模仿，但是却无法分辨好坏，以至于打人的行为他也会去模仿，还觉得十分有趣。

所以身为父母，应该在孩子喜欢模仿的时期为孩子提供良好的"模仿环境"，并以身作则，做个好榜样，因为孩子最初模仿的和最喜欢模仿的就是父母的言行举止了。比如父母在心情烦躁的时候不要发脾气，更不要直接骂出脏话，而是应该用深呼吸代替，尤其是在孩子面前，父母一定要注意自己的言行。这样孩子就会模仿父母好的言行举止，使得孩子在遇到类似情形时可以快速平静下来。

另外，现在的媒体发展迅速，电影电视已经是孩子每天都会接触的事物，而影视作品中偶尔会有些比较暴力或者其他比较负面的行为。所以，父母要尽量陪着孩子一起看电视，对于其中的暴力行为父母应及时向孩子解释，并引导他们学习正确的行为，摒弃和排斥这些不良举动。比如在看到打架的场景时，父母可以对孩子说："你看这些被打的人多疼啊，这样是非常不好的行为，坏人才会这样做，我们要友善对待身边的人，不能和这个人一样去打人啊，要不大家都不喜欢你了。"而一旦发现孩子有不好的行为时父母要及时纠正，不要一味地认为孩子长大了自然就会懂事了，但是这些行为的不可模仿性要靠父母在孩子小的时候一点一滴地纠正才能在孩子的心里牢固建立，为孩子日后的健康成长打下好的基础。

通过模仿，孩子不仅能够学会各种各样的技能，更好地了解这个世界，获得许多的认知经验，还可以在模仿的过程中获得许多不同的情绪感受。所以，模仿对于孩子的成长有着深远的意义，父母应该想办法让模仿发挥最好的效用。当然，即便是模仿这么重要，父母也不宜一味地鼓励孩子的模仿行为，而是要适时培养孩子独立自主的能力，鼓励孩子发表不同于他人的意见，进行独立活动，有自己的思考和想法，这样才能培养孩子的创造性思维。

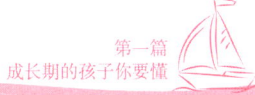

### 正确引导孩子的模仿行为

孩子的模仿行为对孩子心理发展的影响很大，父母一定要加以重视。

1.引导孩子辨别好坏
孩子的模仿并没有选择性，这就需要父母引导孩子辨别好坏，鼓励孩子模仿好的行为。

2.利用模仿增强孩子的技能
当孩子对成人如何使用物品进行模仿时，父母可以利用模仿让孩子学习掌握一些以前不会的新东西。

3.鼓励孩子独立思考
当模仿行为达到一定程度后，父母也要培养孩子的创造性思维，避免孩子一直模仿而丧失自我。

模仿是每个孩子都会经历的事情，对此父母不要认为孩子是在添乱，而要引导孩子正确模仿，让孩子顺利度过喜欢模仿的这一阶段。

## 五岁了还带着玩具熊,怎么回事

许多父母应该都有这样的经历,就是孩子忽然特别喜欢某一样物品,可能是纽扣、手帕、玩具,或者是小被子、小枕头之类的东西,他们以此来满足对母亲的依赖感,提升自身的安全感。他们往往非常喜欢某个物品,甚至要随身携带,而且拒绝父母为他换一个新的。

其实,这是孩子对物品产生了依恋心理,是孩子在成长过程中出现的非常正常的现象。这些物品只是孩子情感的慰藉物,只要孩子不是24小时将物品抱在身上,依恋程度比较浅,没有影响到孩子正常的生活作息,父母就可以不用太过担心,等孩子稍微长大一些情况一般就会自行好转。当然,如果孩子的这种依恋的程度比较深,走到哪里都要将物品带着不离身,这种情况就相对比较严重了,可能会影响孩子的心理发育。对此,父母就需要高度重视,孩子的这种极度依恋某种物品的行为可能与孩子缺乏安全感有关。

由于孩子依恋的物品大多数是比较柔软和可接近的,孩子可能将它们当作自己父母的替代品,尤其是在父母不经常在孩子身边的情况下,孩子更有可能由于"情感饥渴"而过度依恋某种物品,想象这是爸爸妈妈在陪着自己。还有就是孩子的父母感情不和,经常吵架或者对孩子有一些较为暴力的行为以及孩子和亲人离别等,这些刺激都有可能会让孩子丧失安全感,从而将自己封闭起来,把自己的情感转移到固定的物品上,而不愿意与人沟通和交流。

也有一些父母会担心孩子的这种恋物行为可能会让孩子产生"恋物癖"。在这里我们要区分一下,"恋物癖"是性欲倒错的一种,指在强烈的性欲望和性兴奋的驱使下,反复收集一种物品,比如内衣、内裤等,并以此得到性兴奋和性满足的一种性现象。"恋物癖"是一种成瘾性心理疾病,属于冲动控制障碍的一种类型,与道德水平和意志力无关。这种病症多见于男性,常常会引发患者不惜用偷窃、抢劫等非法手段去获取迷恋的物品。恋物癖患者在偷窃所迷恋物品的前后,心里是非常复杂和矛盾的:在没有得手之前,往往感到焦虑、紧张和不安;

一旦得手，虽然性心理得到满足，但常常又会憎恨自己的行为从而产生自责、悔恨、痛苦、自卑等心理冲突。因此，患者常有改过之心，而无改过之举。

### 孩子恋物的原因

在幼儿阶段，恋物的孩子有很多，男孩女孩都有，那么是什么原因让孩子这么恋物的呢？

缺乏安全感

父母陪伴孩子的时间太少，让孩子感受不到父母的爱，因而缺乏安全感，孩子就把情感寄托在物品上了。

与外界接触太少

孩子总是待在自己的小圈子中，孩子对陌生环境充满恐惧和排斥，而将感情倾注在熟悉的物品上。

突发事件的刺激会让孩子再次恋物

某些不再恋物的孩子可能会因为一些突发事件或刺激变得再度恋物。

孩子的恋物心理是其成长过程中常见的心理，每个孩子都会或多或少地对特定的物品产生一定的依恋情结，父母不必过于担心。

可以说"恋物癖"是一种人格心理障碍，而孩子的恋物，只是一定阶段心理上获得的一种满足。如果父母满足了孩子爱的需求，孩子内心感到安全，就不会出现恋物行为。当然，由于男性产生"恋物癖"的概率比较高，父母也要提早进行预防。在男孩3岁后，父母应该让男孩单独睡，不要再和妈妈一起睡觉。平时，妈妈不要在孩子面前更换内衣，夫妻性生活要避免让孩子看到。

有很多男孩会有恋母情结，3~5岁是幼儿恋母情结转化的时间。妈妈不要过于溺爱男孩，应帮助男孩把爱转移到父亲身上，认可并学习父亲的优良品质，这样男孩就会摆脱恋母情结，形成独立人格，也就避免了男孩将来到达青春期以后可能会产生"恋物癖"的问题。父母也不必过于担心，即使6岁前的男孩有恋物倾向，只要父母引导有方，也能帮其改变和转化过来。

萱萱的爸爸在萱萱还小的时候就给萱萱买了一个玩具小熊。自从爸爸买了玩具小熊之后，萱萱就特别喜欢这只小熊，走到哪里都要带着它，并且和它说话，喂它吃饭，睡觉的时候也要抱着小熊才能入睡，更让妈妈不能理解的是，萱萱上厕所的时候也要带着小熊一起去。有的时候，妈妈觉得小熊太脏了，就跟萱萱说要洗一洗小熊，萱萱坚决不同意，不愿和小熊分开。妈妈只好趁萱萱睡觉的时候偷偷把小熊洗干净晾在阳台上。第二天萱萱醒来看不见小熊立刻大哭大闹起来，妈妈说小熊在阳台上呢，萱萱就一直坐在阳台上等着小熊晾干了，再抱着它开始正常的活动。

妈妈也试着采取了很多办法，想让萱萱不要再整天抱着玩具小熊，有一次，妈妈把小熊藏了起来，告诉萱萱小熊丢了，结果萱萱大哭不止，怎么哄都哄不好，饭也不吃了，嗓子都哭哑了，妈妈没办法，只好又把小熊找了出来。萱萱在家里整天抱着小熊就算了，可是就算外出，萱萱也是要抱着它，还不允许别人碰她的小熊。

更让妈妈发愁的是，萱萱已经开始上幼儿园了，她每天都要带着玩具小熊一起上幼儿园，如果不让她带着小熊，萱萱就不肯走进幼儿园的门口。妈妈告诉萱萱别的小朋友都不会整天抱着小熊，她要放下小熊和小朋友们玩，但是老师说在

班上萱萱也是一直抱着小熊，要是有别的小朋友趁她不注意抱一抱小熊，萱萱就会哭起来。妈妈对此真的是无可奈何，好好说她也不听，强行把小熊带走也不行，妈妈真的是不知道该怎么办好了。

### 给父母的建议

面对孩子比较正常的恋物行为，父母可以逐步淡化其依恋的强度，开发孩子的其他兴趣，转移孩子的注意力。但是对于孩子的过度依恋，爸爸妈妈就要注意了。

**1.多拥抱孩子**
父母平时多拥抱、亲吻孩子，多陪陪孩子，减少孩子独处的时间，使孩子建立安全感。

**2.多带孩子出去**
带着孩子出去玩或者拜访亲友，让孩子多接触外界事物，降低孩子对外界事物的排斥和恐惧。

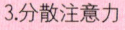

**3.分散注意力**
用其他玩具和物品分散孩子注意力，一旦孩子依恋的对象变得不再唯一，孩子对物品的依恋程度就会降低。

另外需要父母注意的是，在帮助孩子戒除过度恋物的习惯时，父母的态度一定要一致，否则会让孩子心慌，而且其恋物的情况依然得不到改善。

## 孩子很依赖妈妈，该怎么办

孩子都已经上幼儿园了，可是还是经常缠着妈妈，妈妈走到哪里孩子就跟到哪里，孩子一会儿看不到妈妈就会焦虑不安，甚至大哭。相信有很多父母，尤其是妈妈都会遇到这样的情况，这其实是孩子对父母的一种依赖心理。父母对于孩子的依赖行为，一方面可能觉得孩子依赖自己，很欣慰；但是另一方面，孩子对父母的这种依赖又给生活带来很多的不便，也有些父母会担心孩子这样黏人会不会有什么心理问题，因此难免有些担忧。

孩子依赖性强，特别黏人，典型表现为：生活上喜欢依赖他人，情绪上也喜欢依赖他人，尤其是依赖妈妈。孩子依赖心理的产生多半与其所处的环境有关，假如能给孩子一个独立的空间，父母尽可能地让孩子自己做事情，这样自然能消除孩子的依赖心理。久而久之，孩子在家就能慢慢脱离对父母的过分依赖，养成自己去做力所能及的事情的好习惯。

在心理学上有一个"过度理由效应"，一般来讲，大多数人在生活中常会有这样的体验：当得到了亲朋好友的帮助时，人们会认为这是理所应当的。这种效应在孩子身上体现为：当他在家里时，他就会认为爸爸妈妈对他的照顾是理所应当的，所以他在家里表现得特别缠人，但是当他到了幼儿园就会变得很独立了。这是因为孩子有足够的理由依赖父母，但却无法像依赖父母那样依赖老师。

心理学专家将孩子的依赖心理分为安全依赖心理和不安全依赖心理两种。

安全依赖心理是指孩子对自己的看护人建立了深厚的信任感，认为自己的看护人是爱自己的，并会好好照顾自己，这种依赖有助于孩子的心理健康；而不安全的依赖心理是指孩子意识到他不能完全靠自己的看护人来满足自己的需求，此时孩子更容易与成人或同龄人建立脆弱的人际关系，但是孩子会害怕进入他人的世界，他们更喜欢独处，而不愿意和他人接触。很显然，后一种的依赖心理对孩子的心理发展十分不利，这个时候就需要父母及时对孩子加以引导，尽量帮助孩子建立安全感。

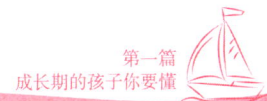

## 面对有不安全依赖心理的孩子父母怎么做

安全依赖心理对孩子的心理发展是有利的,然而不安全依赖心理对孩子成长的影响是消极的。

**首先**

针对孩子的不安全依赖心理,父母要尝试让家庭中的其他成员也参与到照顾孩子的行列中,让孩子明白还有很多的其他人也很关心照顾他。

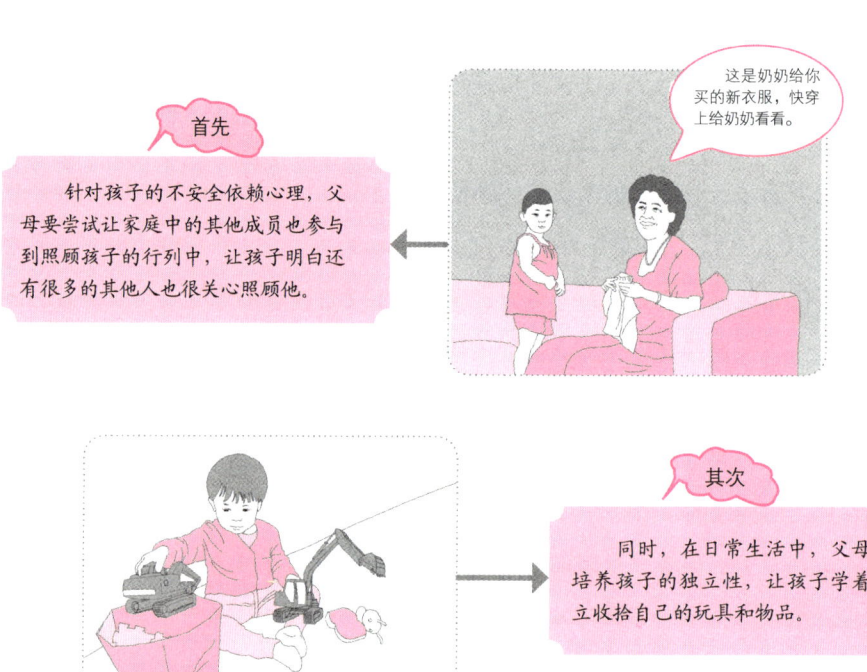

这是奶奶给你买的新衣服,快穿上给奶奶看看。

**其次**

同时,在日常生活中,父母要培养孩子的独立性,让孩子学着独立收拾自己的玩具和物品。

**最后**

另外,父母还可以多带着孩子亲近大自然以及亲朋好友,使孩子的视野更加开阔。

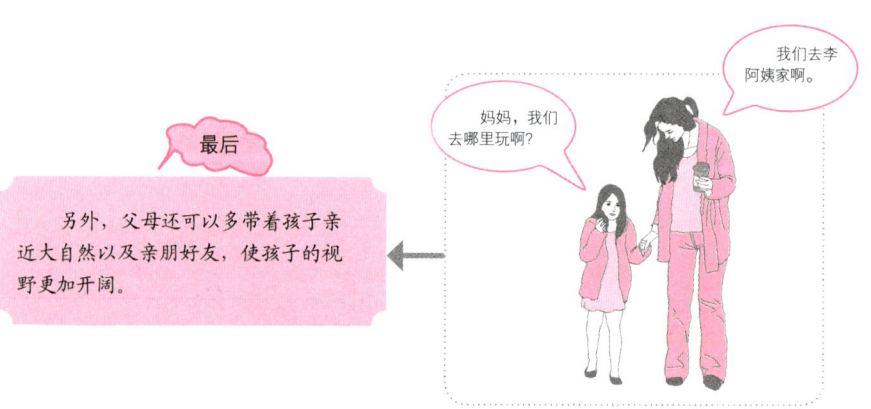

妈妈,我们去哪里玩啊?

我们去李阿姨家啊。

针对孩子的依赖心理，父母要分清楚孩子的依赖心理是哪一种，关键要看孩子是否愿意探索周围的环境，当孩子依赖的人重新回来时，孩子是否会显得高兴。如果孩子显得很开心，那就说明孩子和依赖对象建立的是一种比较正常而安全的依赖关系。这种安全的依赖关系的培养需要父母尽可能多去照顾孩子，陪孩子做游戏。父母的一个小动作或者小行为都可能会让孩子感受到爱，比如对孩子多一点儿微笑，多抱一下孩子，亲吻孩子，等等。当然，父母也不要将所有的精力和重心都放在孩子身上，要给孩子一些独处的时间。父母在离开孩子之前要和孩子说清楚，例如："妈妈先离开一下，马上就会回来。"和孩子说话的时候一定要轻声细语，不要给孩子带来负面的情绪影响，同时父母一定要守时，不要给孩子带来不信任和不安全的感觉。

欣桐已经3岁多了，很多事情都已经学会自己做了，穿衣服、穿鞋子、洗脸刷牙、吃饭等，这些事情她都可以做得很好了。但是欣桐却整天缠着妈妈要这要那，就连玩玩具也要妈妈陪着一起玩，一刻也不能离开妈妈。

现在欣桐早晨起床之后，什么事情都要依赖妈妈来做，无论是穿衣服穿鞋，还是洗脸刷牙，全部都是妈妈的事情，欣桐连配合一下的动作都没有。要喝水了，妈妈把杯子放在桌子上，欣桐伸手够不到杯子，她情愿不喝也不会移过去拿，非要妈妈把杯子放在她的手里才会喝水。吃饭的时候，欣桐要妈妈一口一口地喂她吃饭，而且还吃得特别慢，一顿饭得花费一个小时的时间。玩积木的时候，欣桐非说自己不会玩，让妈妈手把手地教她，她才能将积木搭好。

有一天早晨妈妈先起来做饭了，欣桐起床后没有看到妈妈就开始大叫"妈妈"，知道妈妈在厨房之后，她鞋也不穿，只穿着睡衣就跑到厨房门口看着妈妈。妈妈皱着眉头说："宝贝，你的袜子就在床头放着呢，你的鞋在鞋架上，自己去把它们穿上好不好？"欣桐倚在门框上说："不穿，我要妈妈给我穿。"妈妈怕她着凉，自己又走不开，就鼓励欣桐说："欣桐可厉害了，自己穿得可好了呢。等妈妈做好饭，欣桐就已经自己穿好了，对不对？"妈妈的这些话对欣桐仍然没有什么效果，她还是光着脚站着，就是不肯自己去穿。

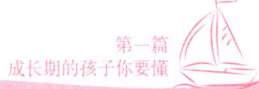

欣桐还非常爱缠着妈妈，就像个小小的"跟屁虫"一样，妈妈走到哪里她就跟到哪里，就算有的时候妈妈去上厕所，她也要站在门口等着。只要一会儿没有看到妈妈，欣桐就会急得哇哇大哭，开始到处找妈妈。所以每天送欣桐去幼儿园让妈妈十分痛苦，因为欣桐每天必定会大闹不止，几乎都是被妈妈硬抱进幼儿园的，每次都要哭上半个小时才罢休。

其实很多孩子的依赖心理都是父母造成的。父母总是给孩子提供过于优越的生活环境，把孩子照顾得无微不至，事事都要为孩子代劳。当有些孩子想要尝试着用自己的力量来解决问题的时候，父母却认为孩子太小而阻止孩子自己来解决问题。其实这是不利于孩子身心健康发展的，也是导致孩子产生依赖心理的主要原因。有时孩子自己在做一些小事情没有做好的时候，父母就会数落孩子半天，这样就会让孩子失去做事情的信心和勇气。如此一来，孩子下次可能就不会再做了，而是等着父母去做。

因此，父母要反思一下自己的行为，多鼓励孩子自己去做事情，就算孩子做得不好，父母也不妨鼓励一下孩子独立做事情的行为和勇气。当孩子提出自己的主张和看法的时候，父母要多肯定、少打击，并对孩子合理的想法给予肯定和支持。这样的话，孩子的自主能力就会一天天强起来，依赖他人的习惯就会逐渐消失。

除此之外，有很多父母由于过于忙碌，没有时间照顾孩子，导致孩子总是担心父母要离开自己，情绪较不稳定，缺少足够的安全感。这样的话，孩子就会在情感上更加依赖父母，试图通过这种缠人的方式来获得父母更多的关注和爱护。针对这一情况，父母不要吝啬对孩子的表扬和赞赏，在孩子有不依赖的表现时，父母要及时给予夸奖，以便强化孩子良好的行为。

当然，孩子有依赖心理也是非常正常的，这是孩子的一种建立安全感的方式，也是孩子内在的心理需求。所以，当孩子对父母产生依赖的时候，父母或者孩子的看护人千万不要强行推开孩子，而是应该耐心地安抚孩子，并告诉孩子自己不会离开。只有这样，孩子才会建立比较深厚的安全感，使他在成长的过程中也会更有勇气和胆量。

## 孩子依赖心理的不同阶段

其实，孩子从小就有依赖心理，这是孩子与父母或者抚养人之间建立的一种特殊的情感连接纽带，可以大致分为以下4个阶段：

0~3个月

无差别依赖阶段。这时的孩子对身边的人还没有特别深刻的认识，对所有人的态度和反应都基本无差别。

3~6个月

有差别依赖阶段。这时的孩子对熟人比较热情，对陌生人比较排斥。对于经常看护自己的亲人开始产生依赖倾向。

6个月~2岁

依赖对象单一化阶段。这时的孩子已经能够在熟人中辨别出自己的主要看护者，并对其表现出强烈的依赖心理。

2岁以后

依赖对象伙伴化阶段。此时的孩子已经明白依赖对象只是暂时离开，对其离开后的焦虑感有所缓解，并开始交朋友，并有可能将依赖情结转移到伙伴身上。

总之，面对孩子的依赖心理，父母应该针对不同的情况用不同的方法进行处理。孩子的依赖心理在孩子小时候是很正常的，这种依赖对孩子的心理成长也是有好处的，所以父母不必过于担忧。当然，如果孩子依赖过度或者出现不安全依赖心理时，父母就需要注意了。此时，父母应当努力运用科学的方式方法培养孩子的独立性，但应注意手段不要太过粗暴，要考虑孩子的心理承受能力。

## 不用幼儿园的餐具吃饭，是不是很任性

孩子虽然还很小，但是他们脾气一点儿也不小，还有很多父母无法理解的坚持，比如有的孩子睡觉的时候要求必须爸爸睡在左边，妈妈睡在右边，位置错了他就会不开心，甚至哭闹着要求爸爸妈妈换过来；有的孩子坐车的时候一定要妈妈给自己开门，如果爸爸开了车门他就会要求必须关上，然后让妈妈重新开，等等。如果父母不按照他们的要求去做，他们就会大哭起来，而大人往往觉得孩子的要求非常无理，不明白孩子为什么这么计较。有的父母会哄孩子几句，如果孩子还是在大哭，父母就难免会抱怨起来"这孩子怎么这么不乖"……

其实，孩子之所以会出现这样的情况，不只是简单的任性，也不是孩子的脾气古怪，很有可能是孩子到了"秩序敏感期"的缘故，这个时期程序和秩序能给孩子以安全感，无论做什么事，他们都希望依据自身的秩序感来完成，否则他们就会要求重来，或者哭着说"不"。

意大利著名儿童心理教育学家蒙台梭利认为：0~4岁是儿童对秩序的敏感期，在这一时期儿童急切需要一个精确而有秩序的环境，只有在这样的环境中，他们才能将自己的知觉归类，然后形成概念，以了解环境并指导自己如何对待环境。如果程序和秩序被打乱，就会给儿童带来极大的混乱感和不适感。

著名儿童心理学家皮亚杰的理论为：3~7岁的孩子正处于道德认知发展的第二阶段，这个阶段的孩子有一个特点就是，他们认为对规则本身应该非常尊重和顺从，

即把人们规定的规则看作是固定的,不可变更的。皮亚杰将这一结构称为道德的实在论。而孩子的"秩序敏感期"一般就是产生在孩子的这一道德认知阶段,"秩序敏感期"在孩子3岁左右产生,也有的孩子的"秩序敏感期"在2岁就来到,但是一

## 为孩子营造一个有秩序的外在环境

蒙台梭利认为,环境的布置,也就是时间、空间的布置对孩子的秩序感非常重要,具体到家庭生活中,父母可以这样做:

尽量不要对孩子的居住环境做太大的改动,比如频繁地更换床铺、居室或家具的位置。

尽量不要更换孩子的看护人,看护人的形象也不要发生太大的变动,比如换发型等。

让孩子自己收拾玩具和日用品,不要随意更改。

维持规律的作息时间,起床、吃饭、睡觉等的时间最好有规律。

如果孩子说了"这样不对",父母不妨花费几分钟的时间按照孩子的要求重新来一遍,否则父母可能需要花费更长的时间来平息孩子的不安情绪。

般孩子到3岁之后会发展到执拗的地步。3岁左右的孩子心智还比较稚嫩，相应的秩序感会比较刻板。孩子们会根据自己的经验，认为秩序中的一切事物都是不可更改的，在记忆中的模式是这样的，现在也必须是这样的。孩子认为秩序是一成不变的，世界是以不变的程序和秩序而存在的，这种程序和秩序进入孩子的内心，成为孩子最初的内在逻辑。

而且孩子还会把这种内在秩序感变成一种对外界的要求，一种规则，他们会把这种规则当作礼物，"送"给亲近的人。秩序感是生命的需要，是大自然赋予孩子的本能。父母不具备强大的能力去把握孩子的内在秩序感，但是父母知道那是自然法则，是真的、善的、美的。6岁前孩子的各个敏感期其实就是孩子内在秩序感的一个外显，是大自然生命规律给父母的提示，父母唯有配合，为孩子营造一个有秩序的外在环境，孩子才能顺利地成长。

家里人发现刚刚3岁的亮亮最近变得特别的"怪脾气"。

吃饭的时候亮亮一定要用自己的餐具吃饭，妈妈一直给亮亮用一套小孩的餐具，蓝色的小碗、一双小筷子还有一个小勺子，吃饭的时候这些餐具都是放在他面前，专门给他用的。有一次奶奶来家里，吃饭的时候不知道蓝色的小勺子是亮亮的专属餐具，就直接拿起来用了，这下亮亮可不同意了，大哭大闹说要勺子，奶奶又给他拿了一个别的勺子，亮亮根本就不用，怎么也不肯吃饭，奶奶只好把蓝色的小勺子洗干净递给他，亮亮这才安静下来，开始吃饭。

不只是在家里这里，亮亮到幼儿园去上学，中午会在学校吃一顿午饭，学校里同学都是用同样的餐具，父母不用给孩子再准备餐具。但是刚刚去幼儿园的时候，亮亮怎么也不肯吃饭，老师问他饿不饿，他就说不饿，给他夹菜也不要。下午回到家亮亮饿得不行，父母问老师后才知道中午亮亮没有吃饭。妈妈赶紧询问是怎么回事，亮亮说："那里没有我的小碗，也没有我的勺子。"无论妈妈怎么解释都没有用，第二天亮亮还是不肯吃饭。从那之后，妈妈只好每天都让亮亮带着自己的餐具去幼儿园，下午放学再把餐具带回来，因为亮亮晚上和早上还要在家吃饭。妈妈也给亮亮买了一套完全一样的餐具，她原本想着幼儿园一套，家里

一套,这样方便许多,但是就算款式和颜色都一样,亮亮还是只肯用自己原来的那一套。

很显然例子中的亮亮就是进入了"秩序敏感期",他认为自己有自己的餐

### 如何培养孩子正确的秩序感

心理研究发现,家庭成员比较多的孩子或更多跟人打交道的孩子性情比较随和,这与他们常常见识不同事物和人物的"秩序"有很大的关系。

父母多带着孩子四处走走,多接触不同的环境,帮助孩子认识到"秩序"可以不同。

另外,引导孩子自己尝试多种可能,这样做还可以鼓励孩子的创造力。

最后,当孩子因为秩序不对而哭闹时,父母要有足够的耐心,平静地陪伴他,安慰孩子的情绪,一定不要贸然谴责孩子。

具，不能用其他的餐具，别人也不能用自己的餐具，这是他在遵守自己的一套规则。虽然很多处于"秩序敏感期"的孩子都会让父母摸不着头脑，不知道孩子为什么这么固执，但是，如果孩子能够从小就形成良好的秩序感，这将对孩子的一生都产生深远的影响。所以父母应该尊重孩子的这种内心需求，并且尽可能满足孩子在这一阶段的需求，使孩子能够顺利度过这一重要时期。

熟悉的环境、固定的看护人、有规律的生活，会让孩子在舒适愉快的氛围中快乐成长。蒙台梭利非常强调环境布置的秩序。时间环境、空间环境的布置都要有助于孩子秩序感的建立，这样孩子一生都会受益。

但是父母需要注意的是，既然知道了孩子的"胡闹"是由于孩子正处于"秩序敏感期"，父母就应该尊重自然，无条件地顺从孩子吗？当然不是。

幼年时期的孩子心智还不成熟，他们的秩序感具有刻板性。如果孩子始终不分场合地将自己的秩序感强加在别人身上，也是行不通的。爸爸妈妈要帮助孩子区分"秩序的美感"与"刻板的规则"，让孩子形成正确的秩序感。如果父母意识不到孩子秩序感的刻板性，事事顺着孩子，就容易让孩子形成任性、执拗的个性，这样反而可能真的会让孩子变成脾气古怪的"小霸王"。

孩子的心灵充满了奥秘。当孩子"胡闹"的时候，如果父母在不了解事实真相的情况下武断地判断孩子"不乖"，那么很有可能会伤害到孩子，也无法从根本上解决问题，从而使做父母的头疼不已。如果父母了解了孩子的心理特点，尊重孩子的秩序感，那么"怪脾气"的孩子其实一点也不难搞定。

## 看见不喜欢的菜就会吐，长大就会好吗

吃饭是让很多孩子的父母十分头疼的事情，先不说把孩子弄到餐桌前需要费多大的劲，就算把他弄到了餐桌前，大家开始吃饭后，孩子吃不吃得下去也是一个大问题。很多孩子都有挑食的毛病，而对于孩子的挑食问题如果父母不及时矫

正的话，不仅会导致孩子摄取营养不均衡，从而影响孩子的生长发育，还会使孩子养成任性、执拗的坏习惯。但是，很多妈妈都觉得孩子越长大越不听话，让他好好吃饭，他偏偏就不。

### 孩子挑食的原因

孩子挑食肯定是有原因的，父母只有找对了孩子挑食的原因，才能对症下药，改变孩子挑食的不良习惯。

**首先** 肠胃不适

孩子吃的零食太多或上一顿吃太撑造成孩子肠胃负担，孩子就会不想吃饭。

**其次** 不好的经历

孩子的吞咽功能不完善，类似长茎菜叶的食物会哽在喉咙造成不适或呕吐，使得孩子反射性拒绝此类食物。

**最后** 不良饮食习惯

有的孩子一边吃一边玩，这对孩子的肠胃非常不利，也可能使孩子形成挑食的坏习惯。

当然，孩子都喜欢新鲜的东西，一成不变的饭菜也会让孩子丧失继续吃的兴趣，因此，父母也可以在菜的样式上下点功夫，口味多变化一点，孩子可能就爱吃饭了。

其实，这也是孩子在成长过程中的一种正常的心理表现。随着孩子的成长，在生理上，孩子的味觉不断发展，对食物有了更多更高的要求，讲究食物的新鲜感。而从心理学的角度来说，孩子长到3岁以后，逐渐开始有一定的独立意识和自我意识，什么食物合他的口味，当然是孩子自己更加清楚，当有些饭菜不合他的口味的时候，由于孩子受到表达能力的限制，并不能像父母一般表达自己意见，也不会描述一些自身的心理感受，孩子只会通过不断发展的语言和动作来表示出"抗议"。而我们大人已经习惯了孩子什么都听自己的，对于孩子的抗议我们往往就会觉得是孩子不听话，是孩子在任性、胡闹，从而用强迫的方式让孩子吃饭，这只会让孩子觉得吃饭是一件很可怕的事情，势必会使孩子产生更加强烈的反抗行为。

因此，对于孩子挑食的行为，父母一定要了解孩子的心理从而进行潜移默化的诱导，逐渐让孩子养成良好的饮食习惯。大多数孩子的心理是这样的：我喜欢吃什么就吃什么，什么好吃我才吃什么。因为孩子并不懂得要吃对自己身体好的食物，他们只选择自己认为好吃的食物。了解到孩子的这种心理，父母也就不必着急了，更不要用强迫的方式逼迫孩子吃饭了，而是应该采取合适的、委婉的方式，逐渐改变孩子的观念。

文文已经3岁了，刚刚上幼儿园，平常的时候文文也算是听话的好孩子，但是就是有一件事情让父母十分发愁，就是文文吃饭的时候非常费劲，往往文文要花费半个小时以上甚至一个小时的时间去吃饭，夏天还好，冬天的时候饭菜都凉了，文文却还没有吃饱呢。而且，文文还有挑食的毛病，就喜欢吃肉，每次都会吃很多，吃到撑了还想吃，小嘴里塞得满满的都是肉。但是文文却对青菜十分冷淡，几乎是一口都不吃，水果也是和蔬菜一样的命运，根本得不到文文的青睐。

妈妈总是和文文说，蔬菜和水果很有营养，只有什么都吃，才能长得高高的，但是文文还是我行我素，就是不吃蔬菜和水果。妈妈觉得这样下去，孩子肯定会营养失衡的，于是就在吃饭的时候喂文文吃一些青菜，但是文文就算把青菜吃到嘴里了，还是会吐出来，说她咽不下去，再给她吃的时候就难了，总是闭着嘴喂不进去。

妈妈对于文文挑食的问题实在是没有办法,就跟文文的爸爸抱怨说文文太难伺候了。爸爸笑着说:"别说是文文,就是我也觉得菜并不好吃,你每次都是放上油盐水,将菜一炒就出锅,什么菜都是这样的做法,确实不怎么好吃呢。"经爸爸这么一说,文文的妈妈发现,自己从来都是这样炒菜,并没有什么别的花样,连大人都吃腻了,何况是孩子呢。

为此,妈妈特意给文文包猪肉白菜的包子吃,心想着这样文文就可以顺带着吃些青菜了。等包子刚出锅的时候,文文就说闻着包子可香了,都等不及包子凉了。于是,妈妈就给文文吹吹,将包子从中间剥开,露出里面的馅,凉了一会儿之后,让文文尝一下,文文直说好吃,这下,由于挑不出白菜,文文就把白菜和猪肉一块吃进去了。这一顿饭,文文吃了整整一个大包子。

有了这次经验之后,妈妈就变着花样地给文文做饭:文文说鱼味太腥不好吃,妈妈就在网络上搜索了一些资料,知道了柠檬或者姜片能够很好地去掉鱼腥味,这样,文文就能吃鱼了;文文对于鸡蛋一口也不吃,妈妈就把生鸡蛋打散和面粉混在一起,做成鸡蛋面条或者煎成鸡蛋饼,文文吃得可带劲了。就这样,文文所吃的饭菜既有营养又很丰盛,她挑食的毛病也就好了不少。

从上面的例子我们可以知道文文之所以不愿意吃蔬菜,是因为妈妈做的菜并不合文文的口味,而且菜式一成不变,文文自然不会喜欢吃了。因此,对于孩子的饮食,父母要多做一些孩子喜欢的样式,比如把饼切成小动物的形状等。父母还要让菜适合孩子吃,比如把土豆做成土豆饼,多做少刺的鱼等,这样孩子就不会因为吞咽困难而排斥某些食物了。同时,在做菜的时候父母要经常变换菜式,或者买一些比较可爱的餐具,从而刺激孩子的食欲。

当然,父母也可以多带着孩子外出运动和玩耍,在增强孩子体质的同时,也使孩子有个好的胃口,不要总是让孩子待在家里,多带着孩子外出呼吸新鲜的空气,爱玩爱动的孩子才有活力,有了活力才能消耗能量,从而增强食欲。有了好的食欲,孩子自然也就减少了挑食的坏习惯了。

除此之外,父母还要尽量帮助孩子形成良好的饮食习惯,规定孩子要在吃饭

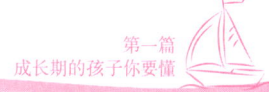

之前洗手，并留出固定的位置让孩子吃饭。3岁之前的孩子可以用宝宝椅来使孩子养成固定吃饭的习惯。如果孩子稍微大一些了，父母就要以身作则，并召集全家在固定的时间固定的地点吃饭，形成良好的就餐习惯和规律。如果孩子单独离开，不愿意吃饭，父母也千万不要端着碗拿着勺子跟在孩子身后哄着孩子吃，如果他饿了，他自然就会回来吃饭，要是错过了饭点也不必给孩子准备食物，这样孩子就知道下次要乖乖吃饭了。当然，如果父母用这样的方法来培养孩子的饮食习惯，就不要在非饭点的时间让孩子吃饭或小点心，也要让孩子少吃零食，因为不这样做可能会破坏孩子的饮食规律，也有可能影响孩子的消化系统。当然，吃饭定时的同时也要注意定量，不要让孩子一次吃过多的食物，否则会造成孩子消化不良，也会影响孩子下一餐的食欲。

## 如何纠正孩子的挑食行为

孩子挑食的行为对孩子的成长十分不利，这是很多父母都了解的常识。那么，究竟如何纠正孩子挑食的坏习惯呢？

**首先**

父母要以身作则，改变自己不良的饮食习惯，为孩子做不偏食的好榜样。

**其次**

每日定时吃饭，鼓励孩子品尝多种多样的食物，避免孩子形成偏食、挑食的习惯。

当然，对于孩子不喜欢吃的饭菜，父母可以先让他试着吃一点，慢慢适应，但不要强迫他吃，否则只会让孩子更加排斥。

总之，面对孩子的挑食情况，父母能做的事情有很多。首先父母要弄清楚孩子挑食的原因，是上一顿吃得太撑了？还是零食吃多了？还是上次吃蔬菜的时候噎着了？还是孩子的肠胃不舒服，没有食欲？弄清楚原因之后，父母就可以对症下药，帮助孩子逐步养成吃饭定时定量的好习惯。只有养成了良好的饮食习惯，不挑食不厌食，孩子才能吸收充足的营养，健康快乐地成长。

## 孩子的心理发展有"关键期"吗

每一位父母都能深切感受到抚养孩子的艰辛，也同时见证了孩子一步一步成长。但是，如果父母能够对孩子的成长阶段有更深的了解，明白孩子在每一个阶段会有什么样的心理，应该需要什么要的引导，在孩子每一个成长的关键时期需要关注哪一个方面，那么，孩子就会得到更好的教育，从而更健康地成长。

所谓的"关键期"，也就是孩子心理发展的最佳年龄期，是指某一特定年龄时期，儿童对某些知识或行为十分敏感，学习起来非常容易。如果错过了孩子的这个"关键期"，他们就会遇见学习上的困难，就有可能对孩子的一生产生深远的影响。从人成长的心理发展来看，幼年是孩子心理和智力发展的关键时期。日本心理学家松原达哉曾说："婴幼儿时期，是孩子一生当中身心发展最显著的时期，如果在这个时期不抓紧对孩子的教育和指导，掉以轻心，放任自流，孩子的一生就毁了。"意大利教育家蒙台梭利也认为，在孩子性格发展的"关键期"，孩子对一定的事物会有高度的积极性和兴趣，并且学习能力也非常强，过了这个时期，这种情况就会改变。

因此，父母在对孩子进行早期教育时一定要抓紧这个"关键期"，这样才能收到事半功倍的效果。据相关资料显示，孩子出生6个月时最适合学习咀嚼和被喂食干的食物；2~3岁是孩子口头语言发展、计数能力（口头数数、按物点数、按数

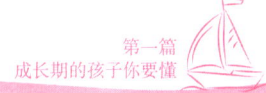

点物、说出总数)发展的关键期；2~3.5岁则适合教育孩子遵守行为规则；2~4岁是孩子学习语言的关键期；3岁左右则适宜培养孩子独立生活的能力；3~5岁时孩子最适宜发展音乐能力；5~5.5岁则是孩子掌握数字概念的关键期；0~6岁这段时间对孩子动作的形成有较大影响。

晓琴的妈妈一直有一个梦想，就是把自己的女儿培养成优秀的钢琴演奏家，从怀孕开始，妈妈用钢琴曲来做胎教，在晓琴出生之后，妈妈也都是给晓琴听钢琴曲，在晓琴3岁的时候，妈妈就开始培养晓琴，就给晓琴买了一台儿童电子琴，刚开始的时候晓琴还很喜欢弹，但是没过几天晓琴就不喜欢了。妈妈就开始逼着晓琴弹琴，每天从幼儿园回来之后，妈妈就监督着晓琴弹琴一个小时，这让小琴十分反感，经常哭着要求出去玩。

经过了一个学期，晓琴不但没有学会弹琴，居然变得一看到电子琴就害怕，不是哭就是闹的，怎么也不愿意弹琴，连关于音乐的任何东西她都开始排斥了。妈妈看到晓琴这个样子，感到十分后悔。后来晓琴的妈妈就跟别的妈妈一起讨论，发现好多妈妈都有这样的情况，让孩子学画画，结果孩子什么都干，就是不愿意画画；有的妈妈想让孩子学舞蹈，结果孩子刚开始还感兴趣，几天之后就再也不愿意进舞蹈室了。看来，并不是只有自己遇到这样的难题啊，但是晓琴的妈妈还是不明白为什么孩子会变成这样。

其实，晓琴的妈妈所遇到的问题就是由于她没有在孩子学习的"关键期"给孩子合适的教育所造成的，3岁的孩子并不是学习钢琴的敏感期，妈妈这样逼着孩子学习不但不会有好的结果，反而还可能会让孩子在真正的敏感期到来时也不再喜欢弹琴了。所以，父母要做的就是在孩子的关键时期因材施教，在合适的时期给孩子合适的教育。值得注意的是，除了对孩子智力发展的关注外，父母还应该注重孩子非智力行为方面的问题，比如孩子上课是否专心、协调性是否好，等等。

当然，对孩子关键时期的划分也有其他的方法，但是大多数心理学家都将人生早期看作是智力发展的关键时期。美国心理学家布鲁姆曾说：如果将人在17岁时达到的智力水平看作是100%，那么人智力水平的50%都来自4岁之前的智力发展，80%则是在8岁前获得的，即人的大部分智力都来自于人生早期。所以父母一定要在孩子年幼时就注重对其智力的开发。

### "关键期"教育的注意事项

开发孩子的智力不是一朝一夕的事，即使孩子到了学习某知识的"关键期"，父母也不能急功近利，而是要循序渐进，遵循孩子成长发育规律和知识本身的难易程度，由浅入深地教育孩子。在这个过程中，父母应该注意：

1.因材施教

孩子由于遗传、生活环境等因素的影响，其兴趣、能力也不尽相同，所以父母要根据孩子的个性因材施教，不能将知识强加在孩子身上。

2.培养孩子的独立性

父母不要过多地干涉孩子自身兴趣所在，否则会限制孩子好奇心和进取心的发展，不利于孩子的成长发育。父母应该尽量让孩子自己做决定，培养他们的独立性。

3.陪孩子玩游戏

孩子都喜欢游戏，他们在玩耍时处于亢奋状态，游戏的环境又相对轻松，因而孩子的学习能力也比较强，学习效果更佳。

# 第二章 随着成长，孩子学会了抵触

## 孩子变得爱生气、爱发脾气

每个人都会有不同的情绪，会开心，自然也会生气，大人是如此，小孩也是一样。发脾气是一种正常的情绪宣泄，但是，现在很多孩子动不动就会生气、会发脾气，而且不分场合、不分对象，大事小事稍有不开心他们就会发脾气，这就是一种不正常的心理状态了。

生气、发脾气是一种消极的情绪表现。孩子动不动就生气、发脾气，表明他们经常流露出不快乐的情绪。因此，爱生气、发脾气的孩子，心里肯定是不快乐的。而这种不快乐的情绪不断积攒，就可能会造成心理的不健康，继而导致心理问题的出现。孩子的情绪有一个不断积累和分化的过程，他们会从最初的哭泣吵闹、生气发脾气变成愤恨、忌妒等。随着孩子的成长，到了七八岁的时候，孩子生气的表现就会越来越多。他们会把这种情绪表现当作向大人提要求的信号。很多孩子在生气的时候会故意大声说："我生气了！"然后嘴巴噘得很高，这就是孩子希望父母能够关注自己，关注他们的需求。当父母并没有如他们所愿的时候，或者为了更大程度地引起父母的注意，他们就会通过发脾气来表达自己的不满。

## 导致孩子爱发脾气的原因

　　孩子发脾气是一种正常的情绪宣泄行为,当孩子对某事不满意或者感到愤怒的时候,他自然会通过一种方式把自己的感受表达出来。但是,孩子爱发脾气还是有原因的,具体来说有以下两种原因:

第一

与人的性格因素有关

有的孩子属于暴躁型性格,自然就爱发脾气;有的孩子属于温婉型性格,就会少发脾气。

第二

受家庭环境的影响

在一个家庭中,父母只要有一方脾气暴躁,那么孩子脾气暴躁的可能性就非常大,父母的行为对孩子有重要的影响。

　　虽然说孩子发脾气是由具体的事情和具体的情况引起的,但是这些都与前面提到的两种原因有关。

　　祥祥是个非常可爱的小男生,今年已经上小学了,学习也很自觉,但是他有一点却让妈妈非常发愁,那就是祥祥总是动不动就生气,一天到晚,任何一点小事都可以让他生气,有时他还会突然大发脾气。

　　有时候别人笑他,不管别人笑的啥,他都会生气。跟妈妈一起出去遇见别的小朋友的时候,如果妈妈夸其他的小朋友很乖或者很厉害的话,祥祥也会立刻就生气,不再理妈妈了。有时自己玩玩具的时候,拼装的玩具没有拼好,他也会生气地把玩具扔在地上不再玩了。要是妈妈哪句话没有说对他的心思,他就把嘴噘起来,任凭妈妈怎么叫他他都不理妈妈。因为祥祥总是淘气,妈妈有时就会批评他几句,这可不得了,这时他就会躲到自己的房间,"砰"的一声关上门,还在里面大声喊:"我生气了!"

　　有一次,吃过晚饭后祥祥和爸爸在下五子棋。父子俩你一步,我一步,有条不紧地较量着。眼看着祥祥就要赢了，可是没想到爸爸的黑子往中间一放，祥祥的白子就被隔成两段了，还没等祥祥反应过来，爸爸的黑子就抢占了先机，两步下来，爸爸反败为胜。这可让祥祥大为恼火，生气地冲着爸爸喊："你耍赖！你耍赖！不行，这局不算，重来！"说着就一把把棋盘打乱，嚷嚷着要重来。爸爸说太晚了，不来了，让祥祥准备睡觉了，祥祥拽住爸爸的衣服非让爸爸重来，甚至手脚都用上了，爸爸看着像头愤怒的小狮子一样的祥祥，真的不知道这孩子哪来的这么大的脾气。

祥祥对自己的妈妈也是一样，因为上小学之后祥祥每天都要写作业，可是他总是想看动画片，妈妈规定他只有在完成作业之后才能看电视。刚开始的时候，祥祥每天放学回到家就会立刻自觉地去写作业，然后再看动画片。但是没有坚持几天，祥祥就不行了，说是每次自己写完作业之后看不了一会儿动画片就演完了，自己根本就看不了多少。于是，祥祥总是找各种理由来看电视。有一次他又在看电视，妈妈看到后就问他作业写完了吗，祥祥眼睛都不离开电视，敷衍妈妈说写完了。结果妈妈一检查，发现他根本就没有完成，只是草草写了几个拼音。妈妈拿着作业本找祥祥质问，祥祥因为看电视被打断就开始生气，噘着嘴坐在沙发上不再说话。

可是妈妈并没有妥协，还是坚持要他写完再看，看到没有回旋的余地，祥祥竟然拿起作业本就把作业本撕烂了！妈妈简直不敢相信这么小的孩子竟然有这么大的脾气。这孩子的脾气实在让妈妈头疼不已，妈妈不知道怎么做才能让他改掉这个爱生气、爱发脾气的坏毛病。

像祥祥这样动不动就生气、发脾气的孩子，在生活中十分常见，而且任何事情都可以让他们生气。有时，大家都知道这个孩子爱生气，就都不和他计较，有的父母也只是说："大家不要理他，过一会儿就没事了。"也有的父母会批评一下孩子："你怎么这么小心眼呢？他是弟弟，你怎么不知道让一让呢？"其实，这样忽略孩子真实存在的情绪是不对的，爱生气、爱发脾气的孩子需要更多的关注，父母应该了解孩子之所以这样是处于什么样的心理，从而满足孩子的心理需求，解决孩子的心理问题，让他们不再动不动就生气。

当然，孩子生气有时只是为了让父母多关注自己，或者是为了向父母或者其

图解 孩子成长期行为心理学

他人示威的一种方式。但是不可否认，生气、发脾气是一种消极的情绪，当家庭氛围长时间处于紧张状态，或者孩子的情感需求没有得到必要的满足时，他们也是会生气的。对于孩子来说，爱生气、发脾气不仅会严重影响他们的情绪和心理状态，有时候也会使父母狼狈不堪，因为孩子的情绪发泄是不分场合的，这让父母十分棘手。因此，父母应该想方设法改掉孩子爱生气和爱发脾气的坏毛病。

### 孩子生气的时候父母可以这样做

虽说生气发脾气是正常的情感发泄，但是孩子动不动就生气就属于心理问题了，这个时候，父母就应该想方法改掉孩子爱生气的坏毛病。

**1. 多给孩子关爱**
父母可以多拥抱和抚摸孩子，这样可以让孩子感受到爱的温暖，使孩子的情绪尽快稳定下来。

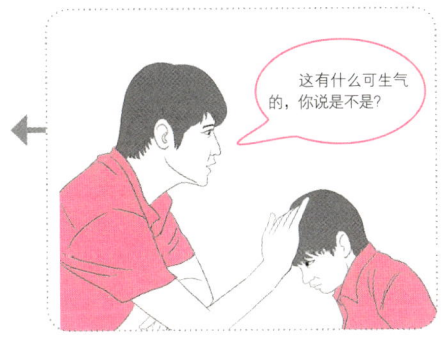

**2. 转移注意力**
当孩子生气的时候父母可以有意识地提起孩子平时最感兴趣的一件事，转移孩子的注意力。

**3. 父母首先不要轻易动怒**
父母是孩子的榜样，身教重于言传。想要孩子不生气，父母首先要做到善于控制自己的情绪。

为孩子创设一个温馨、轻松、和谐的家庭氛围，孩子的性格自然会平和而稳定，不会再为芝麻大小的事情就发脾气。

## 做事莽撞的孩子该怎么引导

在孩子稍微大一点后,到了差不多上小学的时候,父母就会发现有的孩子学会了认真做事,做事有条不紊,非常细致;但是有的孩子却不会这样,他们总是毛手毛脚、冲动行事。后者就是我们所说的行为莽撞的孩子。

从心理的角度来说,孩子刚刚上小学,也就是七八岁的年龄,这个年龄的孩子往往好动、好斗,对运动有永不满足的需求和欲望,因此他们头上撞个包、衣服被撕破是常有的事。从生理的角度来说,这个年龄的孩子由于大脑皮层的抑制机能尚未完全成熟,控制和调节能力还很弱,使兴奋与抑制不能平衡,因此很容易冲动。

当然,除了上面所说的孩子生理和心理的原因,知识经验缺乏也是七八岁的孩子行事莽撞的一个原因。比如,有的孩子经常会从高处往下跳,不是脚扭了就是腿青了,他们并不知道从高处跳下来会出现什么样的后果,只是想到什么就去做什么。还有的孩子拿着刀剑之类的器具玩耍,很容易就会被割伤,他们看到大人可以应用自如就一味地认为自己也可以,而他们本身并没有使用这些器具的经验。很显然,这些都是孩子缺乏相关的知识经验,不能预见其后果而造成的莽撞行为。

另外,父母以及爷爷奶奶的溺爱,也是导致孩子行事莽撞的原因之一。现在的孩子大多是独生子女,他们往往是家里的小皇帝、小公主,家中的长辈总是什么事情都依着孩子,只要孩子稍有不如意,就会大发脾气,乱摔东西。还有的父母不懂得如何教育孩子,动辄对孩子进行打骂,有的孩子就会以打同伴来出气。像孩子的这些行为,如果父母不及时制止,孩子就会逐渐形成莽撞的不良习惯。

吉吉是一个8岁的小男孩,很是顽皮,做事情也是非常鲁莽,常常处于高度兴奋的状态,不管是在学校里面,还是在自己的家里,只要是吉吉经过的地方,总是乒乒乓乓地响一遍,他不是撞到桌子、带倒椅子,就是摔碎碗或者杯子。而且,吉吉

还经常做出一些超乎父母意料的事情，让爸爸妈妈十分震惊，因而妈妈总是会训斥他："天啊，你就不能老实一点吗？非得做一些这么吓人的事情做什么！"

有一次，吉吉和邻居家的小弟弟在楼下玩，玩着玩着小弟弟要回家喝水，可是小弟弟跑回家不一会儿就回来了，对吉吉说自己打不开门，没有带钥匙。妈妈明明在家却没有给自己开门，可能她没有听到声音。吉吉听到后立刻带着小弟弟走到门口，说是给弟弟开门。开始的时候吉吉使劲推门，可是门没有开，然后吉吉就开始一边拍打，一边大声叫喊，可是房间里面依然没有声音。这下可把吉吉

### 如何矫正孩子的莽撞行为

当孩子出现莽撞行为时，父母不能轻率、粗暴地责骂孩子，而是要认真仔细地分析原因，根据不同的情况进行矫正。

1.让孩子亲身体验莽撞行事的后果

很多事情在孩子的世界中是没有道理的，只有让他们自己去体验才会让他印象深刻，不会再犯同样的错误。

2.给孩子立规矩

无规矩不成方圆。如果孩子经常做事莽撞，父母就要及早给孩子立规矩，不允许他们再这样。

3.积累孩子的生活经验

借助孩子莽撞行为造成的后果，使他们接受教训，并懂得一些生活常识，从而减少他们的莽撞行为。

当然，这么大的孩子还没有很好的判断力，他们很容易受到其他人的影响，因此，父母还要注意，尽量少让孩子看一些暴力的影视作品或节目。

惹急眼了，不管三七二十一，他把全身的力气都集中在右脚，一脚就要朝门上踹去。正巧邻居去外面买东西回来看到了，及时制止了吉吉，并把门打开了，否则这门"不残也要掉层皮"。

吉吉有一个表妹，经常来找吉吉玩。有一次表妹来找吉吉玩的时候正好院子里的桃子成熟了，那桃子又红又大，馋得表妹直流口水。看着表妹嘴角的口水，吉吉忍不住笑了，立刻挽起袖子，对表妹说："我上去给你摘几个下来。"表妹看着高大的桃树说："这么高，你不害怕吗？"吉吉得意地对表妹说："这有什么害怕的，你等着，我一会儿就给你摘下来。"说着就"噌噌噌"地爬上去了，吉吉在树上摸摸这个，挑挑那个，正起劲的时候，脚下没有注意踩到一个小枝上，人和树枝一起跌落下来，表妹看到哥哥掉了下来当场就吓得大哭起来。听到哭声的妈妈赶紧跑出来，还以为是吉吉欺负妹妹了呢，看到吉吉躺在地上痛苦的样子，妈妈赶紧手忙脚乱地把吉吉送到了医院。检查结果是吉吉的胳膊骨折了，要在家养几个月才能康复，这下吉吉老实了。

莽撞，是孩子成长过程中不可避免的行为，这也是孩子探索心理的一种表现，可是如果父母长期对孩子的莽撞行为采取忽视的态度的话，就会导致孩子在种种莽撞行为的重复中形成不良的心理、性格、习惯，他们在成年之后虽然心理相对成熟了，但是还是会表现出鲁莽、草率等行为以及浮躁、缺乏耐心等心理问题。因此，如果孩子在小的时候做事莽撞，经常因此伤害自己或他人，父母一定要尽早采取措施，纠正孩子的这种坏毛病。

就像例子中的吉吉一样，他总是这样风风火火，这样行事顽皮、不计后果的话，到最后受到伤害的还是他自己。所以，父母应该帮助孩子改掉这种莽撞行为。当然，如果能够让孩子变得有耐心，学会等待，那么，孩子自然就不会做事如此莽撞了。

耐心被认为是衡量一个人心理素质优劣、心理健康与否的标准之一，也是孩子未来成功的关键因素之一。行为莽撞的孩子最需要的就是培养他们的耐心，让他们学会等待。

### 延迟满足，让孩子学会等待

父母对孩子的要求并不要立刻满足，而应延迟满足，从而锻炼孩子的耐心，让孩子学会等待。但是，在延迟满足的时候，父母要注意以下几个方面：

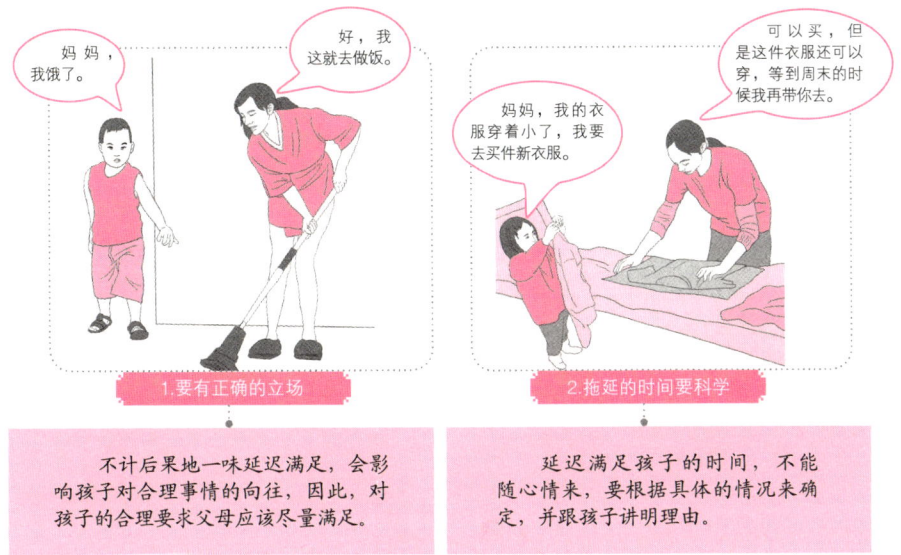

父母立场坚定、态度温和，孩子就会比较容易接受，不会反感。孩子从父母温和、诚恳的话语里，可以感受到父母对他意见的尊重，以及父母眼下的无奈，因而他就不会再捣乱了。

## 与父母对着干是典型的叛逆行为

我们往往会用天真活泼来形容孩子们，尤其是成长期的孩子们。可是除了天真活泼，他们似乎还夹杂着些许让爸爸妈妈无可奈何的叛逆。爸爸妈妈越是不允许做的事情，孩子们偏偏去"触雷"，而且做得还越带劲：让他穿衣服，他偏偏喊着热死了，就是不穿；让他慢点走路，他恨不能飞起来；让他洗手吃饭，他抓起馒头就吃，就是不洗手……孩子似乎有意挑战父母的忍耐极限，他们用反抗行为考验着父母的耐心，常常惹得父母怒火中烧，最后不得不用"武力"来捍卫自己在孩子心中的地位。

实际上，随着孩子年龄的增长，孩子的心理也在不断成熟、不断发展，尤其是孩子在步入小学阶段之后，随着知识的积累、心智的成熟，以及生活经验的增加，孩子对于事情已经有了自己独到的见解和想法。当父母的命令引起孩子的不

### 如何让孩子不再与自己对着干

其实，孩子与父母对着干，是因为父母和孩子的交流出现了问题，所以，父母应该注意对待孩子的态度：

**首先** 不要总是命令孩子

孩子长大之后就有了自己的思想，他们渴望按照自己的愿望行事，父母的命令会让他们十分反感。

（赶紧回房间学习去！）
（我就是要出去玩。）

**其次** 理解孩子的感受

父母多从孩子的角度出发，理解孩子的真实感受，避免孩子出现反抗心理。

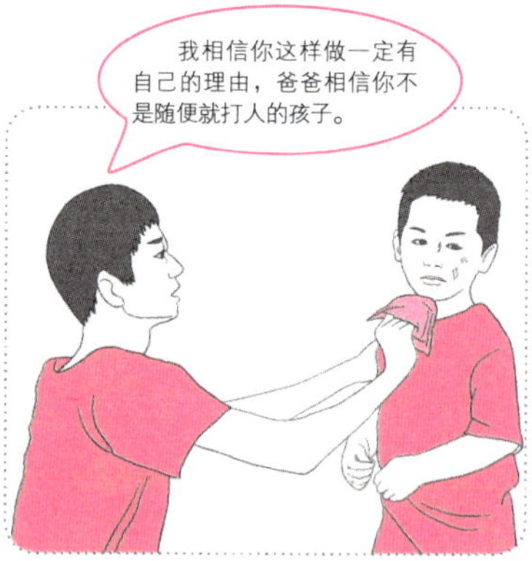

（你是不是想给妈妈一个惊喜？虽然你拿家里的钱不对，但是你能记得妈妈的生日，妈妈还是感到很开心。）

**最后** 信任孩子

有时孩子与父母对着干是因为父母对他不信任。给予孩子充分的信任，能有效帮助孩子改正错误。

（我相信你这样做一定有自己的理由，爸爸相信你不是随便就打人的孩子。）

孩子犯错误并不可怕，可怕的是父母处理问题不当所引发的后果。每个孩子都是一个纯洁的化身，父母应该尽量发现孩子的闪光点，而不是对着孩子的错误不放手。

满时，孩子就会表现出情绪上的排斥，故意与父母作对，这是孩子典型的敌视父母权威、以盲目反抗来发泄不满的表现。父母在了解孩子的这一心理之后，就可以根据孩子的心理特征来应对孩子的反抗行为，而不是依靠"武力"来应对。

孩子不断长大，开始把自己与外界事物逐渐分离开，并且有了自己的独立意识，他们希望得到父母的尊重，以显示自己的强大。这是孩子心理不断成熟的表现，父母应该了解，并支持孩子心理的发展。然而，很多父母看到孩子故意和自己对着干，就一味地打骂孩子，这并不能从根本上解决问题，反而会导致孩子越打越皮，越打越不听话的后果。当出现这种情况之后，父母再想走近孩子的内心世界就不容易了。

---

哲哲的妈妈最近十分烦恼，因为她发现自从自己的宝贝乖儿子上了三年级之后，他就好像吃错了药一样，处处与爸爸妈妈对着干，你让他往东，他偏偏往西；你让他收拾衣服，他非要去叠被子；你让他赶紧吃饭，他非要专心致志地看电视，对父母的话充耳不闻；想要带他出门，他说要学习，真的让他去学习，他又要修理自己的遥控飞机……总之就是专门来气爸爸妈妈的，因此，爸爸无奈地称哲哲是个"小倔驴"，没少冲着哲哲吹胡子瞪眼的，但是哲哲面对微愠的爸爸，仍然是我行我素，毫不悔改。

虽然爸爸妈妈对哲哲的这些表现十分生气，但也并没有惩罚哲哲。但是，在今年"十一"小长假的时候，爸爸终于忍无可忍地对哲哲施行了"家法"。原因就是在这个假期中，爸爸妈妈原本说好带着哲哲回姥姥家，都已经和姥姥说好了。但是放假之后哲哲却不去了，他想要留在家里和同学出去游玩。爸爸妈妈好说歹说他就是不去。没办法，父母只好取消了原先的计划，但是规定哲哲写完作业之后再和同学出去玩。

然而哲哲还是没有听爸爸妈妈的话，他在放假第一天还写了几个字，第二天就跑出去玩了，到黑天还没有回来，爸爸妈妈出去找了好久才在公园的草地上找到了在"踢足球"的他们。回家之后，爸爸妈妈不准他第二天再出去玩了。第二天哲哲直接就不起床了，爸爸妈妈怎么喊他也不起来。后来哲哲趁爸妈不在家的时

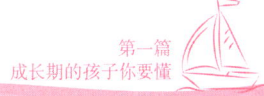

候又溜出去了。就算父母在家的时候也是一样，只要不让他干的事情他非要去做，让他做的事情他坚决不做，爸爸终于忍不住揍了哲哲一顿，本以为在"武力"的威胁下，哲哲的行为会有所收敛，谁知道哲哲的"倔驴"行为非但没有收敛，反而变本加厉。以前哲哲多多少少还是听一点话的，现在他却是明目张胆地跟爸爸妈妈对着干。在"十一"假期结束之后妈妈送哲哲去上学，在十字路口，妈妈怕哲哲受伤就牵着他的手，结果哲哲故意挣脱妈妈的手，还闯了红灯，当时真的把妈妈吓坏了。

像哲哲这样的行为，就是典型的故意与父母对着干，而很显然，哲哲爸爸的暴力并没有解决问题。处理这样的类似情况，父母不妨参照心理学上的"暗示效应"解决问题。

其实，人在生活中无时无刻不受到他人的影响和暗示，从而借助外界信息来认识自己。而孩子的心理特点决定了他们是很容易受到暗示的群体。孩子与父母对着干体现了孩子的性格刚毅，而暗示效应正好起到"以柔克刚"的效果。在无形的影响下，融化他的反抗行为，使孩子自发地改变思想，从而真正改正其与父母作对的行为。

在"暗示效应"中，情绪低落、渴望被理解的人是很容易被暗示的。当孩子出现故意和父母对着干的情况的时候，孩子的内心世界也是很挣扎的。所以，此时父母应该试着理解孩子的心理以及孩子的内心困扰，通过暗示，让孩子的内心放松警惕，接受父母的建议，而不应采取"以毒攻毒"的专横方式解决问题。

## 个性倔强的孩子该如何引导

随着孩子年龄的增长，很多父母都会发出这样的感慨：孩子越大越不好管，还不如小的时候呢。相信这是很多父母的心声，原本以为孩子长大了就懂事了，自己就可以放松一点，殊不知孩子长大一点之后，变得个性倔强，父母说什么都不听，常常惹父母生气。

可能孩子在三四岁之前，还没有太多自己的想法，但是随着年龄的增长，孩子的心理不断发展，开始出现一定的自主意识，对于事情有了自己的看法和想法，并希望按照自己的想法去做。另一方面，孩子本身受心理成熟度和认知程度的局限，对很多事情的判断还不够准确，这也导致孩子做事情的时候缺乏理性，喜欢固执己见，而且难以被说服。

当然，这也不完全是孩子的问题，很多父母已经习惯了孩子听从自己的话，并不知道孩子长大了，就会有自己的想法，还把孩子当成小宝宝来看待。看到孩子没有按照自己的意志行事，父母就认为孩子性格倔强，甚至为此大发雷霆。在

### ❤❤❤ 孩子倔强、固执的原因 ❤❤❤

很多七八岁以上的孩子都非常的固执、倔强，根本不听别人的劝告，那么这个阶段的孩子为什么会如此倔强、固执呢？

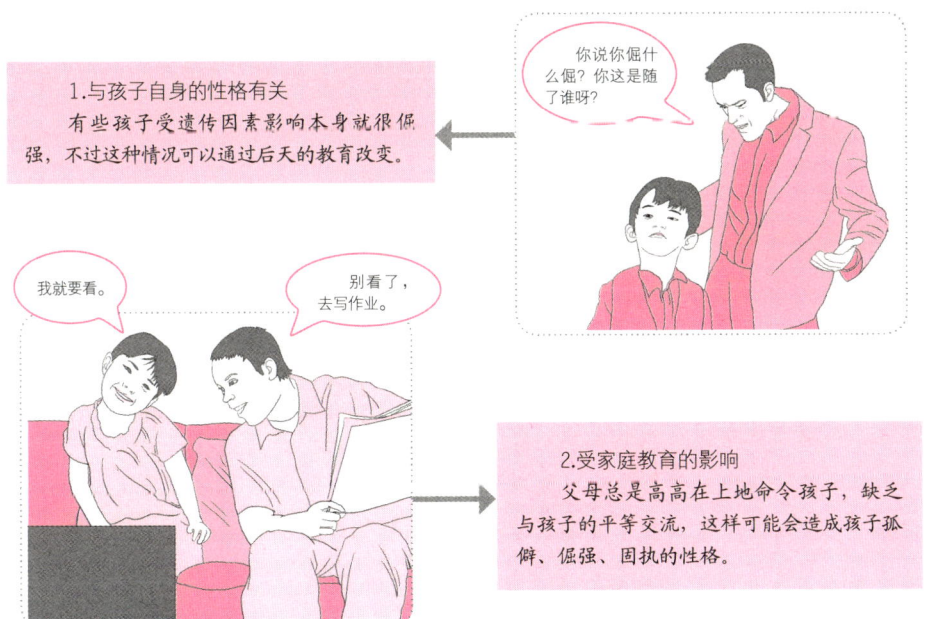

1.与孩子自身的性格有关
有些孩子受遗传因素影响本身就很倔强，不过这种情况可以通过后天的教育改变。

2.受家庭教育的影响
父母总是高高在上地命令孩子，缺乏与孩子的平等交流，这样可能会造成孩子孤僻、倔强、固执的性格。

总之，在教育孩子方面，父母要多与孩子沟通，尊重孩子的思想，然后潜移默化，逐渐改变孩子的行为习惯，不能急于一时。

这样的情况下存在两种可能：一种是孩子的确固执己见地坚持自己错误的想法；二是孩子本身的坚持是正确的，可能是父母的想法有误。但是无论是哪一种情况，父母都要学会控制自己的情绪。因为孩子的年龄有限，他们的心理发育程度也有限，他们还不能很好地控制自己的情绪和行为，因此需要父母冷静地对待孩子的固执行为，因为无论孩子的坚持是对的还是错的，在孩子的眼中他们的坚持都是对的，这从另一个方面说明了孩子做事有自己的主见，这是孩子心理成长的一种表现。如果父母对孩子的坚持大呼小叫、大发雷霆，那么这样很容易会伤害到孩子的自尊，不但无法解决问题，还有可能引起孩子的逆反心理，破坏亲子关系。

所以，父母在遇到类似的情形的时候，一定要控制好自己的情绪，语气尽量温和一点、委婉一点，尽量以慈祥和蔼的态度来与孩子交谈。比如孩子非要穿某件衣服，并且为此大喊大叫，那么这个时候父母一定不要与孩子一般见识，不要对孩子打骂，而应当耐心地询问孩子非要穿那件衣服的原因，或者耐心地劝导孩子按照自己的要求去做。当然，只要是无关乎原则的事情，父母完全可以退一步，让孩子按照自己的意愿来做。

圆圆今年8岁了，刚刚升入小学二年级，她的脾气一直都比较倔强，但是爸爸妈妈发现这孩子最近有点变本加厉的迹象。

只要是圆圆决定的事情，无论对错，别人都很难改变她的想法，如果妈妈说她一句，她就会立刻顶回十句。只要让圆圆抓住了一点理，她就会反驳得你有口难言，所以家中很少有人敢说她，有一次，圆圆正在写数学作业，爸爸下班回来之后就站在一边看圆圆写作业，发现圆圆的算法是错误的，就对圆圆说："这个算错了，这样算是没法得出正确答案的。"圆圆看着爸爸指的地方说："我这是举一反三，多角度回答问题，谁跟你一样是死脑筋啊。"一句话把爸爸噎了回去。不过，圆圆算来算去还是算错了，爸爸就教给她正确的算法。就算是这样，圆圆还是一脸的不服气。

圆圆的衣服都是妈妈带着她到商店里她自己挑选的，不然买回来她也要挑出

各种毛病。有一次妈妈带她逛街买衣服的时候，圆圆想买一件深色的小裙子，可是妈妈认为深色的小裙子夏天穿起来肯定会热，就建议她买一件浅色的，可是圆圆死活都不肯买浅色的，非要买那件深色的。妈妈很无奈，在圆圆的坚持下妈妈只好买了那件深色的小裙子。可是即便是如此，圆圆还是高兴不起来，噘着嘴不肯理妈妈，妈妈只好左劝右劝，圆圆才罢休。

当然，圆圆可不是只有在家里对着自己的爸爸妈妈这样，她在学校里也是一样倔强。一次家长会的时候，老师就向圆圆的妈妈反映，有一次考试的时候可能由于阅卷失误，少给圆圆算了1分，她发现后找到老师非让老师给自己改过来，并且要求老师把她的名次重新排一遍。本来这次考试的名次已经排好了，再重新排，全班的名次都要动，这样比较麻烦，但是无论老师怎么劝说，圆圆就是不听，最后老师只得把名次再重新调整了一遍，然后再重新公布。

### 倔强的孩子如何引导

孩子个性倔强，从侧面反映出孩子对问题有自己独立的见解，这是孩子意识独立的开始，并且他们往往有坚持下去的勇气。当然，过分倔强还是对孩子成长不利的，父母要及时加以引导。

尊重孩子的意见。

多用商量的口气。

孩子固执地坚持自己的想法，也许他们真的是对的，对于孩子的正确意见父母要尊重。

孩子已经有了自己的想法，父母就不能要求他们事事听从安排，而应多与孩子商量，提出建设性意见，逐渐影响或改变他们的行为。

孩子和大人一样，也是集思想与情感于一身，当外界的语言引起他们的不快时，他们也会表现出强烈的抵抗情绪，所以，教育孩子要注意方式和方法。

圆圆就是这样的一个孩子，凡事特别固执、倔强，妈妈曾经试过很多的方法来改变她的这种个性，但是效果并不明显，妈妈也不知道该怎么做了。

孩子的倔强、固执的性格是由很多原因造成的，就像例子中的圆圆，很显然她的这种倔强的性格主要与她自身的性格有关。从例子中可以看出，圆圆自己认准的事情，别人很难说服她，她有时候甚至会钻牛角尖，就像老师因为一时的失误给她算分的时候少算了1分，她就固执地要求老师帮她补回分数，并要求老师重新排名次。对于一般的孩子而言，他们可能并不计较这1分的得失，就算有的孩子告知老师并让老师给自己补回这1分，也不会要求老师重新排名次。但是圆圆却无法容忍这个错误，这就说明了圆圆的倔强行为是根深蒂固的，这主要是受到圆圆自身性格的影响。针对这种情况，父母就要多与圆圆进行交流沟通，给她讲明白事理，当然，更重要的是父母要在日常生活中潜移默化地去影响她、感染她。

## 和父母"讲条件"说明孩子思维独立

现在的孩子可能刚刚上小学，甚至还没有上小学的时候，就已经学会了和大人"讲条件"，只要不让他看电视他就不吃饭，不给他买玩具他就不好好学习，不带着他去游乐园他就不写作业……很多父母拗不过孩子，最后往往在孩子的哭闹声中妥协，结果孩子就会变本加厉，"胃口"越来越大，为此父母便会后悔不已，觉得不应该在开始的时候就和孩子"讲条件"，到最后，没有条件就无法安抚孩子了。

孩子逐渐长大，到了上小学的时候，其独立思维能力、自我权利意识以及对他人的心理猜测能力都会大大提高，孩子和父母"讲条件"实际上就是孩子的心理以及思维逐渐走向成熟的一个标志，也是他们动脑子想办法争取权利的表现。他们不仅能够意识到，自己和父母一样有权提出要求，而且还不断地猜测着父母

的心理，跟父母"斗智斗勇"。

孩子养成做事之前"讲条件"的习惯，跟平时父母的教育方式也有很大的关系。有的父母在孩子还小的时候，为了让孩子听自己的话，按照自己的要求去做事情，他们就会喜欢提出一些引诱孩子的条件。比如，孩子小的时候可能不肯好好吃饭，为了让孩子能够吃好饭，妈妈就对孩子说："只要你好好吃饭，吃完之后妈妈就带你去玩滑梯。"或者为了让孩子晚上按时睡觉，父母就对孩子说："赶紧睡觉，明天给你买你喜欢的奶喝，不睡觉就没有哦。"到孩子上学以后，很多父母更是经常对孩子说："只要考试考到前五名，就给你买变形金刚。"这实际上就是父母在跟孩子"讲条件"，久而久之，孩子也就养成了这种习惯。

### 孩子"讲条件"的不利影响

孩子一旦习惯于"讲条件"，就会给他们带来很多不利影响。

失去学习新事物的主动性。

孩子做任何事都在做交易，看不到好处就不去做事情，如此下去他们就不会主动去学习新事物，也不会有探索精神。

使父母的权威受到挑战。

在任何一件小事上都要和孩子"讲条件"，父母还有威信可言吗？没有威信，如何能教育好孩子？

所以说，对于孩子喜欢事事"讲条件"的习惯，父母应该想办法帮孩子改正，不能任其发展。

小花今年刚刚上小学一年级，是一个非常聪明的小女孩，从上幼儿园开始，小花就是爸爸妈妈的骄傲，每次举行什么活动或者考试之类的，小花总是能得到好的成绩，从而得到相应的奖励，幼儿园奖励小红花，上小学之后学校就会发奖状。除此之外，爸爸妈妈也是每次都再奖励一下小花，不是一顿丰盛的大餐，就是一个漂亮的芭比娃娃，或者带小花到游乐园玩一天。不过，有时小花也让爸爸妈妈感到有些头疼，因为现在小花不管做什么事总是要跟他们"讲条件"，他们经常被宝贝女儿的"讨价还价"弄得没有办法。

为了让小花好好学钢琴，妈妈曾经与小花达成协议，只要她每天认真练习一个小时的钢琴，她就答应小花的一个条件，刚开始的时候效果很好，小花每天都积极练琴，然后提出自己的条件，当然，也都不是什么大的条件，不过是多看会儿电视，买一盒彩笔之类的。但是几个月之后，小花变得做什么事情都要讲条件，现在就连写个作业她也不放过。妈妈喊小花过来吃饭，小花马上就说："你让我看完动画片我就吃，不让我看我就不吃饭。"晚上到点了爸爸喊小花赶快去睡觉，小花立刻提出条件："那妈妈要陪着我睡，还要给我讲两个故事，不讲我就不睡觉！"只要没有答应小花的条件，小花就会噘着嘴说："你们都是小气鬼，这么简单的条件都不答应！"跟她解释她也不听，真是让人哭笑不得。

为了改掉小花的这个坏毛病，妈妈也曾经试着不接受小花的条件，但是小家伙的脾气也是很倔强，总跟妈妈对峙，决不妥协，有时还会用哭闹的方式逼迫妈妈妥协。因此，妈妈几次的尝试都没有成功，反而让小花变得变本加厉，更让爸爸妈妈头疼了。

很显然，小花之所以形成"讲条件"的习惯，正是因为妈妈在一开始的时候就和她"讲条件"，才让她明白了原来还可以这样来做事情。很多父母在孩子不听自己话的时候，都会习惯性地给孩子"讲条件"，比如孩子不肯吃饭，父母就会说"不吃饭就不许看电视"，这其实对孩子会有很大的影响，因为孩子会效仿父母的行为，动不动就"讲条件"。而且孩子稍微长大一点后，心理逐渐发展，心智逐渐成熟，他们开始有自己的独立意识，开始明白自己也是有权利的，于是他们开始不断提出自己的条件。也有一些父母在孩子不愿意做某件事情的时候，常常会说"你不听我的话，我也……（不满足孩子的某项要求）"，这样不仅容易让父母失去尊严，甚至还会诱发孩子的报复心理。其实，从一开始的时候父母就应该什么条件都不讲，该提出要求的时候直接提出，并督促孩子执行就是了。这样做，孩子在家就不可能学会跟父母讲条件了。

### 应对孩子"讲条件"的方法

孩子原本并不会"讲条件"，他们都是在父母的教育过程中逐渐学会的，虽然这代表孩子有了一定的独立意识，但是这对孩子还是有很多的不利影响，父母应该引导孩子改掉这样的习惯。

**首先**

让孩子承受"讲条件"的后果
孩子在"讲条件"的时候，父母可以让他们尝尝自酿的苦酒，这可能比苦口婆心地说教更有效。

**其次**

尽量对孩子进行精神奖励
在开始的时候对孩子的奖励，父母应该多用精神奖励，孩子就不会提出过多的物质条件了。

**最后**

给孩子制订一定的计划
制订计划可以让孩子明白哪些事是必须要做的，应该怎么做，没有讨价还价的余地。

当然，父母在拒绝孩子不合理的要求的时候，要耐心地向孩子解释拒绝的理由，让孩子明白"不行"的道理。

1927年，鲁迅曾在《无声的中国》一文中写道："中国人的性情总是喜欢调和、折中的，譬如你说，这屋子太暗，说在这里开一个天窗，大家一定是不允许的，但如果你主张拆掉屋顶，他们就会来调和，愿意开天窗了。"这种先提出很大、很多的要求，接着提出较小、较少的要求，在心理学上被称为"拆屋效应"。在亲子教育的问题上也有很多这样的例子，比如有的孩子在犯错误之后，担心父母的惩罚就离家出走，父母很是着急，到处寻找，但过了几天孩子安全回来之后，父母反倒不再过多地去追究孩子原来的错误了。

实际上，孩子的离家出走就相当于"拆屋"，而孩子之前所犯的错误就相当于"开天窗"，孩子用的就是心理学上的"拆屋效应"。因此，父母在教育孩子的过程中，方法一定要恰当，要能被孩子所接受，同时，父母对孩子不合理的要求绝不能迁就，从一开始就要避免与孩子"讲条件"。

当然，孩子习惯于"讲条件"，这虽然有很多不利的影响，但这也说明了孩子的心理在不断发展，并且已经具有了一定的自主意识，所以"讲条件"未必是一件坏事。当然，父母既不能一味禁止，也不要过于迁就，而应该循循善诱，耐心地教育孩子要通情达理。

## 孩子与父母顶嘴要一分为二地看

孩子在一天一天长大，忽然有一天我们会发现这个小家伙不听从我们的号令了，他们居然鼓着腮帮子噘着嘴开始和我们顶嘴了！相信这几乎是所有父母在孩子成长的过程中必然会遇到的问题。据统计，爱顶嘴的孩子约占孩子总数的70%，其实顶嘴是孩子成长期的一种非常正常的现象。当然，虽说这是正常的现象，但并不表示这是一种好的或者是不好的现象，对此父母不能放任自流，也不能全盘否定，而是要根据具体情况选择最好的处理方法。

通过研究孩子的心理我们就可以知道，孩子成长到了一定的年龄之后，其心理会发生变化，也可以说是孩子心理的成长，他们逐渐开始有自主意识，有了自己的思维和意愿，对事物也有了自己独到的见解，我们不能说孩子的见解都是不对的，有的时候孩子与父母发生分歧，父母就会对孩子的想法进行压制，结果到最后发现孩子的坚持是对的，所以不能因为孩子与父母想法不一致就认为孩子是错误的。当然，孩子本身在这个时候也不再愿意处处受人压制，不再满足于模仿成人，而是要求独立思考，独立行动。这个时候，如果父母对孩子给予过多的干涉和照顾，孩子就会产生逆反心理，使得他们特别反感父母的做法。其突出表现就是不听指挥，自行其是，当他们认为父母做事不合理或者不对的时候，就会选择用顶嘴的方式来反对父母的言行。

欣欣今年7岁多，正处于一个叛逆的阶段。自从欣欣进入这个阶段之后，她就经常跟爸爸妈妈顶嘴，尤其是跟妈妈，两个人的"战争"就没有停过火。

一个周末的下午，妈妈看着欣欣也没什么事，欣欣正坐在沙发上看电视，妈妈就跟欣欣商量："欣欣，反正你的作业也写完了，在家里也没什么事情做，不如陪妈妈去逛街买件衣服去吧？"欣欣听到妈妈说的话立刻就反对说："我才不去和你买衣服呢。"妈妈先是一愣，问她说："为什么不陪妈妈去啊？"欣欣跟个小大人一样，站起来两手一叉腰，说道："有两个理由：第一，妈妈，你的衣服已经够多的了，我还经常看到你把不穿的衣服送人呢，你怎么还要买呢？第二，你每次买衣服都要逛好久，跟着你实在太累了，我不去！"

听完欣欣的"两个理由"，妈妈觉得孩子说的也没有错，就对欣欣说："那我们就不买衣服了，咱娘俩一块出去散散步总可以吧？你总是看电视会把眼睛看坏的。"妈妈的这个提议，欣欣倒是赞成。于是妈妈就和欣欣一块出去，到附近的公园去转了转，其实公园也没什么好玩的，娘俩转了一圈就往家里走了，在回家的途中，妈妈路过一个两元擦鞋店，妈妈看到价钱很便宜，而且走了这一圈，自己的皮鞋也有些脏了，就说进去擦擦鞋，正好可以休息一下。

没想到欣欣又将了妈妈一军说："你和爸爸不是经常说，我们家买房子借了很多钱，大家以后都要节约的吗？两块钱就不是钱吗？"这句话本应该是妈妈用

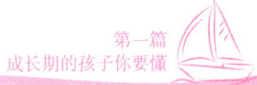

来教育女儿的,现在妈妈反而被女儿教育了一番。欣欣弄得妈妈真是又好气,又没辙,只好和欣欣一路走回家了。

从上面的例子就可以看出,孩子的顶嘴行为并不都是无理取闹或者反抗父母,他们也是有他们的一些理由的,这些理由也不一定都是错的。如果大人在教育孩子的时候,只是规范孩子的言行,自己却不去遵守,孩子就会因为大人使用了双重标准而表示强烈的不满,以至于出现顶嘴的行为。正如心理学家所说:"一个没有办法有效地让孩子停止顶嘴的父母,往往其自我的控制能力也较差。"比如,我们教导孩子不要挑食,而自己却从不吃茄子,那么我们在要求孩子吃饭的多吃茄子的时候,他们就很可能会说:"你说不要挑食,那你自己为什么不吃茄子呢?"就像例子中的欣欣一样,她之所以会跟自己的妈妈顶嘴,很多时候就是因为妈妈言行不一致。

另外,父母对孩子的过分溺爱也可能会造成孩子顶嘴的行为。如果父母在平时对孩子过分宠爱,则会让孩子对长辈变得有恃无恐,导致孩子一切以自我为中心,当他们认为父母的言行与平时的溺爱有所不同时,孩子就会产生顶嘴的行为了。邓颖超曾说:"母亲的心总是仁慈的,但是仁慈的心要用得好,如果用不好的话,结果就会适得其反。"

还有一点就是,随着孩子年龄的增长,他们会不断地接触到更多的新鲜事物,如果父母的教育方式还是一成不变,不与时俱进的话,就无法适应日益接触新鲜事物的孩子。那么,父母的教育理念自然会被孩子拒绝,他们顶嘴的现象也就无法避免了。

而孩子在顶嘴的时候,很多父母常常不讲方式、不分场合地批评孩子。而且有些批评还十分尖锐,但却并不完全正确,这就很容易伤害到孩子的自尊心。父母不要以为孩子还小就什么都不懂,随着孩子心理的不断发展、思维方式的不断成熟,孩子已经有了自己的思想,他们的想法可能比父母的想法更好。可是有些父母见不得孩子顶撞自己,认为自己的权威受到了威胁,因此他们不分青红皂白就对孩子大发雷霆,非打即骂,觉得不把孩子的这股邪劲压下去,孩子就有可能

变坏。然而，强制压迫虽然可以暂时消除孩子的表面反抗，但他们常常都是口服心不服。渐渐地，就会引起孩子内心的愤恨、埋怨、甚至记仇，最终导致他们关上心灵深处那扇与父母交流的大门。

### 三招"对付"爱顶嘴的孩子

面对爱顶嘴的孩子，父母不可以一味地与其针锋相对或者威胁恐吓，当然也不能一味迁就，父母应该冷静地分析原因，找出合理的解决之道。

**1.不要轻易责备孩子**

在孩子顶嘴时，父母应该耐心引导孩子正确表达自己的意愿，即使父母不得不批评孩子，也要注意场合、语气和方式。

> 傻孩子，你还没有长大呢，等你长大了就可以化妆了啊。

> 就许你化妆，我就不能吗？凭什么啊？

> 这是我送给姥姥打发时间的，姥姥平时自己在家太无聊了。

> 可以和妈妈说一下为什么要买小鸡吗？

**2.给孩子一个申辩的机会**

这是父母尊重孩子的最起码的表现。父母应该明白，申辩并非强词夺理，而是让孩子把事情讲清楚。

> 妈，您就休息一下吧，我去做饭。

**3.做孩子的好榜样**

在平时父母要做到不急不躁、尊重长辈，这样孩子自然就会听从教导，不再顶嘴了。

父母应该告诉孩子，顶嘴是解决不了任何问题的，反而会让事情越来越糟，而沟通才是解决问题之道。

如果孩子真的不再与父母进行交流了，那就有些得不偿失了。孩子的成长离不开父母的正确教导，面对爱顶嘴的孩子，父母要理解孩子在某一时期的心理特点，在尊重孩子的基础上，采取正确的方式方法引导孩子，让孩子在生理、心理上都健康成长。

## 孩子受不了批评不全怪孩子

很多人都会用"人小鬼大"来形容现在的孩子，很显然这个形容十分贴切。很多父母在潜意识中总是对孩子的世界持有一种轻视的态度，认为孩子的年龄还小，知识面也非常窄，对世界的了解只是一知半解。所以，父母也一直在不自觉地充当着孩子的指挥官的角色，不断地告诉孩子哪些是对的，哪些是错的，以此来指挥着孩子的思想和行为。然而，这种命令式的指教并不是真正的教育，真正的教育是以平等和尊重为前提的。可能孩子还很小的时候，这种命令式的指教可以让孩子听从自己的指挥，然而随着孩子心理的成长，他们开始有自己的想法，当大人和自己的想法发生碰撞的时候，孩子就会出现很多的抵抗行为，而父母的批评则助长了这种抵抗行为。

批评孩子，其实也是对孩子的一种说服，而说服是一种有难度的沟通方式，即便说服的对象是小孩也是一样的。在心理学上有一种"飞去来器效应"，即被说服者在反对说服者时，总是采用心灵"盾牌"来抵抗，从而使得说服者无功而返。事实上，说服者应该通过直接接触和交换意见等方式，使得双方得到情感、思维上的交流。这说明：即便大人说服对象是孩子，即便大人是在正确的说教，也要让孩子有回馈信息、发表意见的权利。让孩子有机会表达自己的意愿，而不是单纯地做一个执行者或者被说服者。这就是为什么现在的孩子对父母的批评无法接受的原因，因为他们仅仅只是一个执行者或者被说服者，而没有机会表达出自己的意愿。

## 批评孩子要注意

孩子虽然是孩子，但是他们也是一个独立的人，也有自己的人格尊严。因此，对于孩子的一些错误，父母虽然要批评，但也要讲究方式方法。

1.给孩子解释的机会

父母在批评孩子时一定要给孩子解释的机会，也给自己弄清事实、帮助孩子改正错误争取一个机会。

2.态度委婉

孩子做事有自己的想法，但有时无法理解父母的苦衷，如果父母采用委婉的方式批评孩子，不仅不会让孩子反抗，还能起到春风化雨的效果。

3.让孩子学会认真倾听

让孩子明白认真听取他人的意见和批评是一种礼貌的表现，也是完善自我的必备方法。

当然，要求孩子认真倾听的前提是父母在批评孩子的时候要措辞严谨，态度委婉，不要伤害到孩子的自尊心。

俊俊妈妈为了宝贝儿子的事情可真是没少操心，俊俊从小就非常听话，而且家里就这么一个孩子，妈妈就像对待小皇帝一样地宠爱着他。可是不知道从什么时候开始，乖巧听话的俊俊变得像只好斗的小公鸡一样，只要父母不顺着他的意愿，他就会乱发脾气，倘若妈妈批评他几句，指正他的行为，俊俊就好像受了莫大的委屈一样大哭大闹不肯罢休。刚开始，妈妈看到俊俊泪眼婆娑的小脸儿，心疼不已，忍不住就败下阵来，不再批评他，而是说很多好听的话来安慰俊俊。俊俊的妈妈想：也许等俊俊长大一些了，他就会懂事了。

可是谁知道随着时间的推移，俊俊不但没有变得懂事，反而变本加厉。妈妈只要稍微说他那么几句，他就又哭又闹，不达目的决不罢休。有一次，俊俊又做了错事，妈妈生气地说了他几句，俊俊就又哭了起来，这次妈妈狠下心来，面对俊俊的无理取闹没有妥协，任由他哭闹，结果俊俊哭了很长时间，嗓子都哑了。

从这以后，妈妈再也不敢随便说俊俊了，俊俊做了错事后妈妈也不敢多批评他了，这下俊俊成了家里真正的小皇帝。有一天早晨俊俊说什么也不去学校了，妈妈只好去学校了解情况，结果老师反映说，俊俊在学校里个性太过专横，使得他没有办法融入同学之间去，遭到同学的排斥。另外，平时他上课经常做些小动作，不认真听讲，老师批评他，他就在班上发脾气，好几次扰乱课堂秩序。这下俊俊的妈妈可犯难了，在家里，俊俊可以像小皇帝一样被宠爱，可是在学校里谁来让着这个霸道的孩子呢？

俊俊的问题在于他固执己见，而俊俊妈妈偏偏忽略了俊俊的性格特点，在尝试改变问题的同时，没有挖掘到俊俊真正的意愿所在，也不去了解孩子的心理，双方之间缺乏适时地沟通，从而使得妈妈的批评反而强化了俊俊的固执行为。当然，面对孩子的错误也不能不分青红皂白就批评，很多父母就是这样，不给孩子任何说话的机会，劈头盖脸就是一顿训斥，他们以一种居高临下的姿态和专制的形象出现在孩子面前，然而，以这种方式批评孩子一定会引起孩子强烈的逆反心理。

父母应该要了解这个阶段孩子的心理成长特点，孩子在7岁以后，自我意识愈发强烈，因此常有任性、专横、固执的行为出现，父母应该及时地发现孩子心理的变化以及思维方式的改变，不要命令孩子或者把自己的思想强加给孩子，更不要一味地批评孩子。只要父母和孩子进行适当地沟通和引导，让孩子切实地了解父母的想法，就会避免孩子的类似逆反行为的出现。

# 第三章 成长期孩子的心理诊断

## 孩子似乎有些抑郁

抑郁是以情感低落、哭泣、失望、活动能力减退，以及思维、认知功能迟缓等为主要特征的一类情感障碍。抑郁是多种不良情绪的综合，它是痛苦、愤怒、焦虑、悲伤、自责、羞愧、冷漠等情绪复合的结果。由于每个人的心理素质不同，抑郁有时间长短、程度强弱之分。抑郁被称为"心灵的流感"，它是存在于孩子中的一种普遍的"坏"情绪。很多父母和老师在对待抑郁的孩子的时候，往往会忽略孩子的这种抑郁的情绪，只是认为孩子"坏"，很少有人会重视这种抑郁的情绪，于是使很多"坏"孩子都沉浸在抑郁的阴影中无力自拔。

而对于有抑郁心态的孩子来说，他们在心理上进行自我禁闭，外人很难穿透他们心理的壁垒而进入他们的内心世界，他们总是把自己深深锁在枷锁之中，一个人感受着孤独、自责和种种不快。

由于抑郁是很多情绪综合的结果，这使抑郁有较大的隐蔽性，很多父母往往只会认为孩子的脾气坏了一点或者情绪大了一点，而看不出孩子是抑郁了。孩子是单纯的，很多事情都是通过父母来判断和认知的，抑郁对孩子的危害是很大的，这就使得父母在对孩子抑郁的关注上任重而道远。

### 抑郁症的危害

很多父母对孩子的情绪都不太重视，也不知道抑郁的情绪和心理会给孩子带来多大的危害。当孩子患有抑郁症的时候：

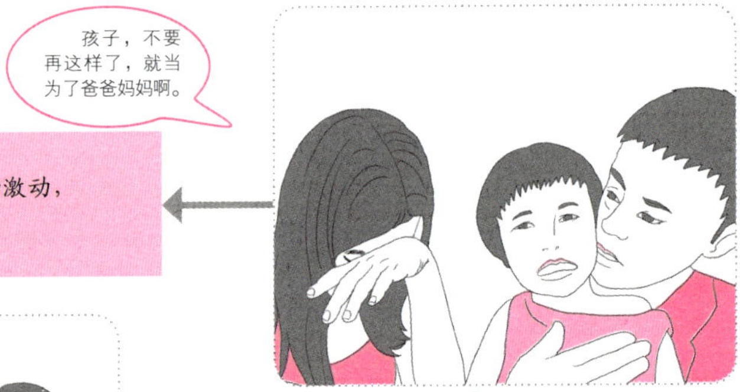

**首先**

孩子在情绪上会很焦虑和激动，身体的各项功能就会随之下降。

> 孩子，不要再这样了，就当为了爸爸妈妈啊。

> 发什么呆啊？喊你都听不到。

**其次**

在精神上会出现运动阻滞，以致人的思维变得消极。

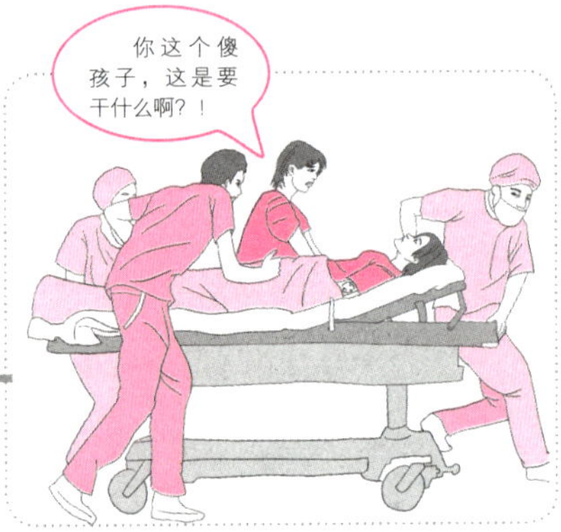

> 你这个傻孩子，这是要干什么啊？！

**最后**

抑郁症还是自杀的动因，人们称抑郁症为"人类第一号心理杀手"，是自杀率最高的心理疾病。

因此，父母在关心孩子物质上是否得到满足的同时，也应该多关注孩子心理上的健康，如果发现孩子有抑郁情绪，父母应该及时引导，帮助孩子走出抑郁。

---

阳阳当初是以优异的成绩考到省级重点高中的，但是上了高中之后，阳阳却反复对爸爸妈妈说自己"不想上学了"。而且，阳阳常常莫名其妙地有头疼、胸闷、厌食等症状；阳阳开始变得时常发脾气，每次他一发脾气就会在家里的墙上

乱涂乱画，有时还会用毛笔在纸上写大大的"忍"字，扔得满屋都是。这样的喜怒无常，使得阳阳对任何事情都没有了兴趣，情绪也非常低落，总是想着不再上高中了，而是想回到自己的初中。

阳阳的父母十分担心，但是无论怎么问，阳阳都不对爸爸妈妈敞开心扉，爸爸妈妈想到阳阳初中的班主任对阳阳十分关心，和阳阳的关系也如同朋友一般，于是，阳阳的爸爸就去拜托这位班主任去了解一下阳阳现在内心的想法。

经过这位班主任和阳阳的谈心，父母才知道，原来高中的老师讲课太快，往往是阳阳还没有听明白就讲过去了。初中之时，阳阳一直成绩优异，几乎每次都是全班第一名，但是阳阳现在在高中的成绩却是要保持班里的中游都非常困难。每次看到同学们学习的时候，阳阳就会非常着急，自己也拼命地学习，可是却收效甚微。阳阳自己经常会没有理由地很想哭，于是经常坐着发呆，很多心事也不知道和谁说。自己的父母经常吵架，以前家里经济负担重的时候，父母吵得更是厉害，妈妈一心情不好就把气撒在阳阳的身上，这使得阳阳对环境非常敏感，在面对新的环境时缺少情感的依附，他更是没有掌握如何正确对待焦虑和冲突的方法，因此即使心中不快，他也不愿意和父母谈心，而是在家里乱发脾气。阳阳的功课也因此落下很多，时间又因为发呆和情绪不稳定而浪费那么多，阳阳就觉得自己很笨，考试每次都考不好。

阳阳还对初中班主任说："我好怀念初中的生活。现在我的成绩不好了，父母又总是唠叨我，我很难过。现在我害怕到学校去，害怕考试，我该怎么办呢？"说着说着，阳阳就又哭了起来。

从上面的例子中我们可以明白阳阳在心理上是自我禁闭的，这是一种抑郁的心理。抑郁是一种比较持久的、忧伤的情绪体验，并伴有身体不适和睡眠障碍等问题。抑郁多发生于孩子的青春期，一般抑郁的女孩多于男孩。

那么，是什么原因造成了孩子的抑郁心理呢？由于孩子的心理各不相同，原因也是复杂多样的，如学习压力过大、被同学同伴孤立、家庭不和睦、有抑郁的家人等都可能会造成孩子的抑郁心理。不同孩子的抑郁情绪的形成也是各有各的原因，有的是因为孩子长期受到不良情绪的影响；有的是因为孩子对一些事情的

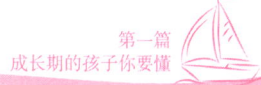

理解存在偏差,当这些偏差经过长时间的强化以后,在他脑海里根深蒂固地被保留了下来;还有的是因为孩子自己的生活环境或者情感上突然有很大起伏,这种突然的刺激一下子推翻了孩子对世界的原有认知,这样孩子就会走向抑郁的泥潭。

对于孩子的抑郁问题,很多父母并没有引起重视,中国的父母在教育孩子的时候往往对于孩子的精神健康状况重视不足,这种状况下就会使得父母在教育孩子的时候,孩子的精神世界成了他们教育的盲点。因此,很多父母并不会觉得孩

### 抑郁心理的表现

孩子的情绪总是多变,行为也容易让父母捉摸不定,但如果孩子有以下这些表现,父母就要注意观察孩子是否患有抑郁症了:

孩子情绪低落、没精打采,就算是以前喜爱的事也没了兴趣,干什么都高兴不起来,总是觉得自己不好,感到不快乐。

对自己和未来没有任何信心,一点点的缺点和过失也会给他们带来不尽的后悔。

常常出现失眠、食欲不振、疲劳、头疼等症状,精神倦怠、表情冷漠。

当孩子出现上述症状的时候父母就一定要引起重视,不要等到孩子抑郁严重,自暴自弃,甚至出现自残、自杀的行为,那时父母就悔之已晚了。

子的抑郁是一种病态，反而觉得孩子是"坏""不听话"等，而父母的态度对于纠正孩子的抑郁心理将起到决定性的作用。父母要有一种理念，就是孩子有抑郁情绪是很自然的情况，很多人都有过这种不良情绪，只是每个人的抑郁症状的轻重有所不同罢了，或者有的人由于抑郁程度较轻而被忽略。

当然，当父母了解孩子的确是存在抑郁心理之后也不必感到惊慌，孩子的抑郁心理是可以治疗的。抑郁是孩子在心理上的自我禁闭，孩子自己不能"解放"自己，父母只需要给孩子"输液""打针"和做一些心理护理，这样孩子自然就会康复。当然，父母在认识到孩子有抑郁情绪之后，还是要多关心孩子，对孩子抑郁情绪的纠正也要理性进行，切不可冒进。

具体针对例子中的阳阳而言，父母需要做的就是使孩子在心理上淡化"考试没考好是因为自己没用，自己笨"的想法；而需要在孩子心里强化的是"我有很多优点，即使我笨，勤也能补拙"的信念。父母要使得阳阳明白，正是这些不合理的信念导致他情绪上的沮丧和无望，以至于他在学校时会很紧张。一次考试失利，并不能证明他永远都考不好，只要发现学习上的不足，并加以改正，他的成绩就可以提高。

全面了解阳阳的情况，与阳阳共情、同感、取得其信任，是辅导治疗的关键。给孩子构建新的认知并非一蹴而就的事情，是父母全力支持孩子合理利用自己头脑思维并改进的过程，是孩子重塑自我的过程。在抑郁问题的矫正中，仅靠孩子构建新的认知是远远不够的，父母必须要给孩子一些实用技巧的指导。

因此，对于孩子抑郁的治疗，父母首先要想办法使孩子在心理上推翻原有的认知，再根据个体的实际情况帮助孩子构建新的认知。当父母构建的新的认知开始进入孩子心里的时候，再用事例或话语激励孩子，以此来强化孩子的新的认知，这是矫正孩子抑郁心理成功的关键所在。需要注意的是，有的孩子意识到了自己得了抑郁症，想要求助于心理医生，可是很多父母不信孩子有心理疾病，并且认为找心理医生是丢面子的事情，因而加以阻拦，耽误了孩子的治疗时机。父母的这种做法是非常错误的。

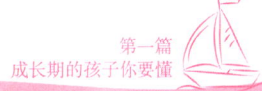

## 孩子嫉妒学习比他优秀的同学

嫉妒是一种比较复杂的混合心理，其中包含焦虑、恐惧、悲伤、消沉、猜疑、敌意、怨恨、报复、羞耻等心理成分。从本质上来讲，嫉妒是一种不健康的心理状态，它往往带来竞争、攻击和对立的后果。

当然，一定的好胜心理可以促使孩子在生活和学习中更加努力，但是，如果孩子的好胜心过强，就会发展成为嫉妒心理。嫉妒心理对孩子们之间的发展交往具有不良的影响，会妨碍到孩子的进步。嫉妒心过强的孩子，看到别人超过自己就会觉得不服气，心里就会觉得不舒服，甚至会因此而怨恨别人，这样孩子就不能很好地和其他人交往，因此，如果发现孩子的嫉妒心过强的话，父母一定要做好孩子的心理疏导工作。

嫉妒是孩子自我意识觉醒的外在表现。一般来说，两岁半之前的孩子暂时还不会表现出嫉妒心理，但是随着孩子年龄的增长，孩子的心理逐渐发展，自我意识开始萌芽，逐渐意识到了"自我"，就开始与周围的伙伴攀比，他们对于自己经过不断努力仍不能达到的目标往往会充满不甘。这个时候，如果别人做到了，孩子对这个"幸运儿"的排斥和强烈的妒意就会冒出来了。嫉妒一方面是孩子待人不够宽容的具体表现，另一方面也是孩子自我意识开始觉醒的表现，是孩子成长的附属品。通常，嫉妒心强的孩子，好胜心也很强，他愿意为某一方面超过同龄人而付出双倍甚至更多的努力。父母要做的，就是解决孩子因此而产生的虚荣、攀比、说谎、任性等负面行为，而不是把孩子嫉妒背后的进取动力也一并抹去。

虽然说孩子的心理发展不成熟，很多事情可能并没有大人思虑的周全，但是，孩子们的心思却也不一定会比成人简单。嫉妒心强烈的孩子，往往会在心里形成一种不正确的妒恨情绪。比如，老师在上课的时候表扬了一个表现不错的学生，而另一个表现得差不多的孩子却没有得到表扬，他可能就会表现出闷闷不乐的情绪，因为自己没有得到表扬而感到不高兴，这种不良情绪压抑得久了，"不高兴"便会转移到那个表现得好并受到表扬的孩子身上从而变成了妒

恨。可能这个孩子为了攻击被表扬的孩子，会做出在老师面前诋毁被表扬的孩子，向老师打小报告，甚至扬言和他有仇，为他的失败而幸灾乐祸等事情。

　　小月是个漂亮的女孩，今年已经上小学四年级了，她的成绩一直十分不错，所以无论是在家里还是在学校中，小月几乎是在一片表扬声中长大的，小月自己也十分好胜，什么都要求自己做到最好，容不得自己有半点不足。

### 嫉妒心理产生的原因

　　任何一种心理的产生都是有一定原因的，嫉妒心理也不例外，那么是什么原因让孩子产生了嫉妒心理呢？

孩子的嫉妒心理常常是因为家庭中存在着一些问题，如父母关系不和、家庭教育方式不当、父母对孩子的要求不一等。

有的父母经常拿自己的孩子与其他的孩子相比较，这也是造成孩子产生嫉妒心理的原因。

另外，嫉妒与老师的教育行为方式也有关系，如有的老师在处理孩子间的纠纷时不够公平，偏袒一方，这往往是孩子嫉妒心理产生的直接原因。

　　不管是什么原因形成的嫉妒心理，都对孩子的成长不利，作为父母，一旦发现孩子有嫉妒心理，应该及时进行疏导。

有一个周末,妈妈带着小月到妈妈的朋友张阿姨家去做客。张阿姨也有一个女儿多多,年龄比小月小1岁。多多从小就学习绘画,现在的绘画水平已经算是这个年龄段的孩子中非常优秀的了,好几次参加少儿绘画大赛都是第一名,张阿姨也是引以为傲。

到了张阿姨家里,大家免不了一番客气,家里的墙上有好几幅绘画作品都是多多画的,妈妈看到之后就夸奖了几句,张阿姨也在夸奖多多,妈妈还说希望多多画一幅画送给自己,回家之后也裱起来挂在墙上,几个大人热热闹闹地说笑着,本是一番融洽的气氛,却让小月十分不舒服,她感觉大家都在夸奖多多,却没人说自己,明明自己的表现也非常好,多多的成绩远不如自己呢。小月的心里十分不是滋味,就突然酸溜溜地说:"她就是画得再好也成不了凡高,有什么用啊。"小月的一句话让妈妈十分尴尬,也很震惊,这个孩子怎么这么爱嫉妒啊,大家不过夸多多几句,她就受不了了,以后还怎么和更优秀的人相处呢?

别的孩子受到了表扬,自己就会暗中不服,甚至公开挑别人的毛病,很多嫉妒心强的孩子都会有小月这样的行为,他们不允许别人比自己做得好,也不愿意听到夸奖别人的话。他们往往会去指责别人,或是想办法让别人不如自己,也有的孩子会因此性格逐渐变得古怪起来。这些行为对成长中的孩子来说都是有害的。

心理学家发现,年龄较小的孩子大多数都有嫉妒的表现,但是,如果孩子到了五六岁了,嫉妒心还是特别强的话,父母就必须引起重视了。因为这种毛病如果在孩子长大之后还继续存在的话,会给孩子带来种种心理障碍和人际关系的不良影响。孩子的年龄还小,即使到了青春期,他们仍旧是难以做到很好的自我控制,一旦嫉妒起别人来,常常会情不自禁地去伤害别人,小一些的孩子可能会抢别人的玩具,将别人的心爱之物藏起来,甚至打人、推人、踢人等,长大一点的孩子可能会稍微理智一些,但是也会做出一些有害于别人的事情。父母应该让孩子明白,自己这样的行为会伤害到别人的感情,这是一种十分不友好的行为,父母应该引导孩子向对方道歉,鼓励孩子与别人友好相处。

很多父母在发现孩子的嫉妒心过强的时候，因为认为这种心理对孩子的成长没有好处，进而打压孩子的这种情绪和心理，然而，父母一味地打压只会加深孩子内心的矛盾和扭曲，让孩子的不良情绪无处发泄。父母应该鼓励孩子把这种不良情绪说出来，这才是疏解孩子内心压力的最佳途径。如果孩子的嫉妒对象是小伙伴，父母应该鼓励孩子当着对方的面说出自己的羡慕和不甘心。比如，有个孩子钢琴弹得好，别人都会夸奖他，另一个孩子可能就会觉得不甘心，这时父母可以鼓励另一个孩子向对方说出自己的感受："我很羡慕你有钢琴，还弹得这么好，我只有电子琴，怎么练习可能也赶不上你了。"当孩子说出自己的真实想法之后，孩子很有可能会得到对方的回应和帮助，比如，对方可能会说："那你以后常来我家，我们一块练习钢琴，我可以教你弹的。"或者对方会说："弹钢琴一点意思都没有，我才羡慕你可以经常和朋友一块到处玩呢。"无论对方给出哪一种回应，都可以极大地缓解孩子的嫉妒和压力，不会让孩子自责"我不如他，我有问题"，从而让孩子心理健康地长大。

嫉妒是表现在孩子身上的一种十分典型的毛病，它强烈地影响到孩子情绪的稳定和快乐，影响孩子良好人际关系的建立，因此无论是父母还是老师，都应该积极帮助孩子走出嫉妒心理，让孩子的心重新回归纯粹、烂漫。在鼓励孩子友好竞争、争取做到最好的同时，要让孩子知道竞争终归是在友好关系的基础上进行的。对于好胜心强的孩子，父母应该小心委婉地询问孩子不高兴的原因，或者多让孩子倾吐心中的不快乐。好胜心强的孩子，多数都有自卑感，他们觉得自己没什么可取的地方，只知道嫉妒强者，给自己造成心理上的内耗，所以父母应该对孩子进行正确疏导，并加以鼓励，给孩子信心，这样孩子的嫉妒心理也就会自然而然地烟消云散了。

总之，培养孩子的健康心理是极为重要的，因为孩子只有从小具有良好的心理素质，才会在今后的生活中不怕困难、不怕挫折。所以，这样的重任对父母来说是多么刻不容缓的使命，也是多么义不容辞的责任啊！

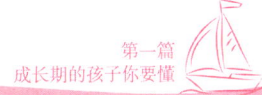

### 如何应对孩子的嫉妒心理

既然知道嫉妒心理对孩子的成长不利,父母就应该想办法帮助孩子疏导排解,具体可以这样做:

> 我打得怎么样?

> 真是不错,不过还有进步的空间。

**1. 建立良好的家庭环境**

团结友爱、互相尊重、谦逊忍让的家庭氛围,是预防和纠正孩子嫉妒心理的重要基础。

**2. 正确评价孩子**

父母既要发现孩子身上的闪光点,也要注意表扬孩子时不要过分拔高,以免孩子对自己产生不正确的印象。

> 进门也不打招呼,怎么这么没有礼貌啊?

**3. 激发孩子的自信心**

不要当着别人的面责怪孩子或者当着孩子的面责怪其不如别人,父母应该多鼓励孩子,让孩子认识到自己的力量。

当然,对于那种处处要占上风、事事以自己为中心、爱嫉妒又不容人的孩子,父母也要严厉批评,使其认识到自己的错误。

# 避不开的"叛逆期"

许多孩子在小的时候在父母的眼中都是乖巧可爱的,可是孩子随着年龄的增长,心理也在不断成长,到了孩子十几岁进入青春期以后,他们就开始喜欢和父

母唱反调了，对于父母的话他们总是"左耳朵进右耳朵出"，就是天大的事，孩子也不愿意和父母说。每一个孩子在成长的过程中，几乎都会出现这样的状况，而且这种状况往往会持续两三年的时间。很多父母难以接受孩子的转变，感觉孩子和自己不亲近了，总是处处与自己作对，父母在生气的同时还感到十分伤心。其实，父母也大可不必过于伤心，叛逆是每一个孩子在成长中必然经历的心理过程，心理学家把孩子专爱和父母、老师作对的这一时期称为孩子的"叛逆期"。

"叛逆期"是一个人从孩童过渡到成人的关键时期，如果父母不加以正确的引导，就会导致孩子产生叛逆性格，而且严重者还会因此产生许多病态的性格，比如多疑、偏执、冷漠、不合群、对抗社会等，这些性格如果进一步发展的话，还可能会向犯罪心理和病态心理转化。叛逆起源于孩子自我意识和好奇心理的增强，加上现在社会媒体的急速发展，孩子接触的信息的来源十分广泛，社会和媒体的不断冲击，促使孩子对许多东西产生兴趣，他们便要通过表现个性、追逐潮流来满足他们的自我意识和好奇心。当孩子的自我意识和好奇心超出一定程度的时候，孩子就会表现出叛逆的性格，这个"度"超出得越多，孩子就会越叛逆，叛逆的危害也就随之加剧。

处于叛逆期的孩子，对身边凡是管教自己的人都会表现出强烈的反抗情绪，他们甚至对社会也会有反抗情绪，他们希望表现出自我价值，想要引起别人对自己的注意，这就使得他们常常会标新立异，追求个性。比如，这个时期的孩子可能会穿一些奇装异服，他们就是要打扮得跟别人不一样，有的孩子甚至希望自己是个"另类"；有的孩子会做一些引人注目、与众不同的事情，或者说一些让人大吃一惊的话等，其实他们这样的做法无非就是希望别人能够对他们刮目相看。当然，孩子的这些举动在成年人眼中显得有些幼稚，但是正是因为孩子的心理还不成熟，他们的想法难免会有一些让大人觉得幼稚的地方。一方面孩子因为年少，缺乏适应社会环境和独立思考的能力；另一方面，孩子在这个年龄的时候，独立意识强烈，表现欲旺盛。换句话说，就是这个时期的孩子希望在社会上处处体现自己，通过展示自己和别人不一样的地方来体现自己的价值。了解到这些，父母也就可以理解孩子在这个时期的种种举动了。

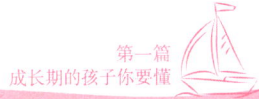

## 孩子叛逆心理产生的原因

任何心理的产生都是有原因的，孩子叛逆心理的产生也是如此，具体来说，是由以下几方面引起的：

1. 孩子自我意识增强，是叛逆心理产生的最直接的原因，孩子希望表现"自我"，于是处处与人对着干。

2. 社会和家庭的传统教育总是会有一些弊端，这些弊端阻碍孩子自身发展的需求，也会成为孩子叛逆心理产生的源头。

3. 孩子如今面临的压力不断加大，尤其是学业压力远远大于从前，加上青春期孩子的身体开始发育，孩子会产生不适感，很容易形成叛逆心理。

了解事情的原因便于找出对策。父母知道了孩子叛逆的原因，也就可以对症下药，正确引导孩子了。

---

杨乐一直是家里的乖孩子，从小就非常懂事，即使在人人厌烦的孩子的七八岁阶段，杨乐也没有让父母操过心，但是就是这样的一个乖孩子，在升入初中二年级之后，完全就像是变了一个人，处处与父母对着干，整天让父母头疼不已。

周末的时候,杨乐早晨不肯起床,妈妈喊了他好几次都没有喊起来,以前他可是每天都按时起床,吃完饭就写作业,写完才出去玩的。于是,妈妈就生气地走进他的房间直接掀开杨乐的被子说:"赶紧起来,再不起来就没饭吃了。"杨乐看到妈妈直接掀被子,生气地说:"不吃就不吃,谁稀罕啊!"说着一把拽过被子倒头就睡。

等到快接近中午的时候,杨乐才起床,洗漱完之后就站在镜子前面打扮,穿着一个破洞的牛仔裤,小小的孩子还穿个花衬衣,妈妈看到后说:"你这是什么打扮,跟个小混混一样,赶紧换下来。"杨乐一边照着镜子打理头发,一边说:"你懂什么,这样才时髦。"妈妈拿了衣服让他换下来,他也不换,妈妈再唠叨,杨乐直接冲着妈妈喊道:"我都多大了,你能不能不要总是管我,以后我的事情不用你管!"说完就摔门而去。

最近杨乐总是这样,妈妈说一句他顶十句,妈妈说多了他就发脾气,真的是越来越不听话了。

像杨乐的父母一样,很多父母在孩子叛逆期时都会有这样的感觉,孩子似乎变坏了许多:他们频繁地发脾气,与父母总是争吵不断,总是对抗和拒绝父母的要求和原则,越不让他们做的事情他们偏偏去做……似乎每个"叛逆期"的孩子都会给父母这样的感受。对于孩子的这些表现,父母如果加以正确引导,孩子便能顺利度过这一阶段,但是如果父母处理不好,这将会影响到孩子心理的成熟和身体的发育。对于孩子的这段"叛逆期",如何正确地进行引导,这是每位父母在家庭教育中都应该注重的问题。

那么孩子为什么在"叛逆期"总是与父母和老师对着干呢?在"叛逆期"的时候,孩子的思维方式由儿时的感性思维转变为更加理性的思维,孩子的自我意识也会逐渐加强,处处要体现"我"的存在。但是孩子对事物的理解缺乏深度,体现自我又没有更为广阔的市场,于是他们就会寻找实现自我的环境,因此,离孩子最近的父母和老师就成了"受害者",他们就靠和父母或者老师"对着干"来体现自我。

当然,孩子在"叛逆期"虽然总是喜欢和父母、老师唱反调,但这也不是完全

负面的。很多人认为逆反心理会有碍孩子的身心健康,这也不是全对,如果处理不好,的确有碍于孩子的身心健康,但是,孩子的逆反心理也并非一无是处,毕竟并不是大多数人认为对的东西就一定是对的,孩子的一些不同的看法和做法,也不一定全然错误。

## 孩子叛逆,父母怎么办

只是满足于表面上的了解孩子是不够的,父母必须学习一些心理学的知识,了解"叛逆期"的实质,帮助孩子顺利度过这个时期。

1.理解信任孩子

父母应和孩子建立一种平等、信任的朋友关系,相信孩子处理事情的能力,适时听取孩子的意见。

首先

其次

2.避免正面冲突

在孩子发脾气的时候,父母应该冷静,以免激发孩子的对立情绪,使孩子的叛逆心理更强烈。

3.鼓励孩子参加集体活动

这样孩子可以多交朋友,丰富、充实自己的精神生活,发展自我意识,培养开朗性格。

最后

当然,父母还是要多和孩子谈心,多倾听孩子,让孩子把心里话都说出来,这样父母才能更好地理解孩子,给孩子正确的引导。

比如，孩子叛逆的一个原因就是教育存在一定的弊端，而孩子的叛逆正好可以揭露这些弊端，在一定程度上督促人们对孩子的教育方式做出改进。另外，孩子产生叛逆心理，是其天性的自然流露，从侧面反映了孩子的自我意识增强，孩子的好胜心强，勇敢，有闯劲，能求异，能创新。现代社会充满了竞争和挑战，迫切需要具有创造性思维，能开拓，能进取的人才。因此，父母要善于发现孩子叛逆心理中的创造性思维和开拓意识，并合理引导。只要引导合理，孩子的叛逆心理是能够在现代社会发挥积极作用的。

## 犯错误后，孩子开始对父母撒谎

很多孩子犯了错误以后总是拒不承认，甚至用撒谎来敷衍父母，这种不诚实和不负责任的表现让父母感到很是头疼。其实，孩子犯错误总是难免的，重要的是孩子犯了错误以后，父母用什么样的方法去教育孩子。父母的教育方法得当，才能让孩子从小养成勇于承认错误的好习惯。

然而，很多父母对孩子过于苛求完美，他们给孩子制定了很高的标准，要求孩子守规矩，不允许孩子犯错误。一旦孩子犯了错误，父母就会特别急躁，不是对孩子加以指责就是责骂惩罚，根本就不给孩子解释的时间和机会。正是因为父母的这种态度，才让孩子不愿意承认自己的错误，甚至用撒谎的方式意图隐瞒自己的错误。其实我们都应该知道，任何人在成长的过程中都会犯错误，成长本身就是一个不断犯错误、不断更正的过程，而孩子能够主动承认错误，学会发现和认识错误，并从错误中吸取经验，这才是最重要的。

然而，很多父母并不明白这个道理，而是认为孩子"不打不成才""棍棒底下出孝子"，因此只要孩子有一点点的过失，他们不是打孩子就是骂孩子，让孩子在错误面前惶惶不可终日。其实，这种教育方法不但不能使孩子认识到错误，

还会使孩子为了逃避打骂而不讲真话,久而久之,孩子就养成了撒谎的坏习惯。因此,打骂、体罚会给孩子的身体和心理都带来极坏的影响。

当孩子有撒谎的行为的时候,不同的孩子会有不同的理由。孩子撒谎,父母要认识到孩子这种行为的本质或孩子的心理属性,那就是孩子撒谎是因为"趋利""避害"这两种原因之一,或者两者兼而有之。

### 孩子逃避责备的伎俩

不是我打碎的。

否认是孩子在逃避责备时常用的手段,即使是自己做的他们也会全盘否认。

我饿了,我们先吃饭吧。

今天去哪里玩了?

他们对大人的责问会以掩盖真相为目的,说话无中生有、言不对题或真真假假。

我……就是……

孩子在逃避指责时,经常会含糊其词,或者故意隐瞒关键的问题。

谜底昭然若揭:他们不过是想方设法地逃避惩罚罢了。

父母对孩子的错误一味责备也是孩子撒谎的原因之一。在孩子刚刚出现一点错误的时候，很多父母不是大声责骂，就是用体罚来对待孩子。久而久之，这样做给孩子的感觉就是父母有这样一个习惯：自己有错误，父母肯定会责骂自己。没有哪个孩子不怕父母的惩罚，于是孩子犯了错以后，总是想方设法瞒着父母，如果父母发现了孩子的错误，孩子就会编造谎话来欺骗父母。比如孩子打碎了一个花瓶，他就会想：这下坏了，又要挨打了。于是，为了逃避父母的惩罚，他可能就会说花瓶是家里的小猫或者小狗上蹿下跳的时候打碎的。所以，孩子撒谎的原因往往就是为了逃避父母的责备。当父母对孩子犯错的责备形成一种习惯的时候，孩子的撒谎也就形成了一种习惯。

奇奇平常放学回家都喜欢在楼下小区广场上和一群小伙伴玩耍，总是要等到妈妈去喊他吃饭才不情愿地回家。这天和往常一样，奇奇回家放下书包就出去了，妈妈也没有在意，等到做好晚饭之后，妈妈就到广场上去找奇奇。还没到广场呢，妈妈就听到一群孩子吵架的声音，妈妈也不禁加快了脚步。

妈妈走近一看，奇奇气鼓鼓地和明朗对峙着，虽然明朗用右手捂着自己的左胳膊，但是还是能看到明朗的左胳膊上有一排牙印，并且还擦破了点皮。妈妈一看就明白是奇奇又闯祸了，这个孩子就是脾气大。于是妈妈赶紧上前去看明朗的伤，还故意吓唬奇奇说：“这可怎么好呀，这么严重得去医院。”然后转过脸来问奇奇：“你为什么咬明朗啊？”奇奇看到妈妈本就吃惊，被这么一问先是一愣，接着说：“我没咬！”妈妈指着明朗胳膊上的牙印说：“都有牙印了，还说没咬？"奇奇蛮横地说：“没咬就是没咬，我咬的不是这样的，不信，我咬一个你看看。”奇奇说着抬起自己的胳膊就要咬下去，妈妈赶紧拉下他的手，说："你怎么这样啊？太不像话了！”奇奇见到妈妈生气了，还一副不信任自己的样子，便一边哭着一边说：“我就是没咬。”

妈妈觉得应该先带明朗去处理一下伤口，就先稳住奇奇说："也许真的不是你，不过这里有这么多人看着呢，明朗也已经受伤了，我先带他去医务室，等会儿找几个人来证明一下，行吧？”奇奇低着头并没有做声。妈妈继续开导说：

"我觉得如果你确实是错了,自己认错比较好,找别人来证明是你错了的话,那就是错上加错,好孩子应该勇于承认自己的错误。"奇奇还是低着头,不过很小声地说:"那让我想想吧。"妈妈也没有着急,而是先带着明朗处理了一下伤口。妈妈回到广场上,奇奇还站在那里,低着头有些不好意思地说:"对不起,妈妈,我错了,我给明朗道歉,行吗?""当然行啊,承认错误很好,能够改正错误更是好孩子。"妈妈笑着说,然后接着问他,"能告诉妈妈,刚才为什么不承认吗?"

孩子不愿意承认错误,不惜采用撒谎的方式来欺骗父母,多半的原因是孩子看到错误的后果感到害怕了,更害怕父母对自己的惩罚。奇奇不愿意承认错误是害怕爸爸回家知道后会打自己。孩子的表现不可能尽善尽美,由于孩子的心理发展还不成熟,自我控制能力也十分有限,一不小心就犯了错,比如孩子判断失误、记错事情、受人干扰分了心……这时大人们如果不给孩子澄清、解释的机会,孩子就会想办法编造谎话以逃脱惩罚。

既然知道了孩子撒谎的原因是为了逃避父母对他们的责备,那么父母如果能和孩子民主相处,让孩子把自己认为正确和错误的行为都告诉父母,然后父母帮助孩子分析哪些是对的,哪些是错误的,耐心细致地给孩子讲解,分析他哪些地方做错了,为什么会错,这样做会有哪些危害,这样孩子不仅懂得了道理,而且十分容易接受父母的批评。父母对孩子没有了责骂,孩子有什么错误就不怕跟父母说清楚了,那么孩子自然就不用说谎了。

所以,父母想要改变孩子说谎的毛病,就必须要关注孩子谎话背后的恐惧心理。父母最好能放下长辈的架子,站在孩子的角度,设身处地想一想:孩子为什么要撒谎?父母对于不诚实的孩子,不能总是责备,更不能讥讽、打骂孩子,那样对孩子只会雪上加霜。父母应该注重和孩子的沟通,如果父母能成为孩子的情感归宿,孩子自然就会跟父母讲心里话了。

## 孩子犯错之后父母可以这样做

每个人都有犯错的时候，但错误带给孩子的启示可能是他们在其他任何地方都不可能学到的。父母要做的就是从小培养孩子勇于承认错误的习惯，这样孩子才能认识到自己的错误并敢于承担后果。

1.细致询问、耐心开导

对犯错的孩子父母要亲自询问、耐心开导，告诉孩子纠正和弥补过错的方法，孩子就不会害怕认错了。

2.批评不应重复

总是重复地对孩子批评教育容易伤害孩子的自尊心，尤其是对比较敏感的孩子更要注意。

3.教育必须保持一致性

父母的教育要保持一致，不能因为自己的心情而对孩子时松时紧，这样会让孩子无所适从。

4.允许孩子做错事、讲真话

想要孩子改掉不愿认错的缺点，父母就要允许孩子做错事、讲真话，并且在孩子认错之后要表扬孩子。

这种宽容的教育方式会让孩子明白，犯了错，改了就是好孩子。而且，孩子还会牢记父母的宽容之心，学会控制自己，少做错事。

## 拯救孩子的虚荣心

现代家庭的孩子少,父母总是担心孩子受委屈,于是对孩子总是有求必应。自己孩子穿的、用的都不能比别的孩子差,别人的孩子买什么自己的孩子也得买,决不能让别人的孩子把自己的孩子比下去。于是,在父母无意识的纵容下,孩子的欲望也会无限地膨胀。另外,独生子女的父母对孩子的溺爱也非常严重,他们在说到孩子的时候总是爱讲孩子的优点,掩盖孩子的缺点,甚至在亲朋好友面前总是夸耀自己的孩子,孩子听到的都是赞美的声音,很少有人指出孩子的缺点和不足。由于孩子受到年龄的限制,其心理发展还不成熟,对自己的客观评价能力还很差,他们相信父母的绝对权威,因此,慢慢地,孩子就从父母口中的"十全十美"变成自己心中的"十全十美",再也容不下别人超越自己。

在父母不正确的影响和教育下,孩子逐渐就会形成虚荣的心理,什么都要比别人好,容不得别人超越自己,这对孩子的成长显然是不利的。13岁之前的孩子辨别能力不强,由于受到周围环境的影响,他们很容易就会产生攀比心理,继而出现攀比行为,而且这种行为常常是越演越烈,等父母发现孩子行为不妥,想要改变他们的时候就晚了。孩子的虚荣心理常常表现为下列几种行为:

1.比美:这常发生在女孩之间,当然男孩也会有类似的比较。比如孩子们挑新衣服穿,看见别人穿了一件新衣服,他就一定要买件更漂亮的;自己穿了新鞋总是想要展示在大家面前,于是故意伸着脚,希望被人注意到,进而得到夸奖。

2.比富:现在的生活条件好了,大人尚且喜欢夸耀,何况是孩子。很多孩子喜欢在别人面前夸耀自己家的汽车、新电视,他们有时也会对别人说自己的爸爸乘飞机去了哪里,还给自己买回来什么好东西,妈妈带着自己到哪个豪华的餐厅吃饭了等。

3.比"能":这与父母平常的夸奖有关,很多孩子常常被夸奖,就会以"神通"自诩,认为自己什么都会,对别人的能力嗤之以鼻,常在别人面前说:"这有什么厉害的,我还会算几百加几百呢!"这样的孩子爱听表扬,却受不了别人的批评,他们做什么都喜欢赢,输不起,只要别人比自己好就会大哭大闹,失去心理平衡。

## 影响孩子虚荣心的因素

影响孩子虚荣心理的因素是多方面的,父母也只有找到了造成孩子虚荣心的因素,才能找到帮孩子改正的方法。

首先 社会上的不良风气给孩子造成了很大的影响,尤其是大人间盲目攀比的现象,已深深地在孩子的头脑中形成了挥之不去的坏印象。

其次 父母本身的攀比行为直接影响了孩子的虚荣心理,很多父母常常无意中在孩子面前显出虚荣的言行。

最后 父母对孩子的评价方式不当以及经常满足孩子的无理要求也是造成孩子虚荣心理的重要原因。

虚荣心的滋生,制约了孩子以后正确的人生观、价值观、世界观的形成,有的少年犯就是由于虚荣心的驱使而走上犯罪道路的。

姗姗今年读小学三年级,学习成绩非常好,更是多才多艺,深受同学们和老师的喜爱,父母也感到十分骄傲,他们在家里总是希望把好东西都给姗姗,而姗姗自己也是非常要强,什么都要最好的,自己的学习好不算,还要让自己穿的要好,用的东西也要好,不能在同学们面前丢了面子。因此,姗姗经常要求爸爸妈妈给自己买这个买那个的，只要同学之间有了什么好东西是自己没有的，姗姗就非让爸爸妈妈给自己买。由于就这么一个女儿，爸爸妈妈也一直随着姗姗的性子。可是，爸爸妈妈却没有想到，这样的纵容让姗姗逐渐形成了虚荣心理。

一天，老师在班上通知大家请父母来参加期末联欢会，要让自己的爸爸或者妈妈来参加。这是第一次开联欢会，大家都有些兴奋，但是姗姗却高兴不起来，以前学校里有什么事都是爸爸来的，但是最近几天爸爸出差去了，还没有回来，可是自己的妈妈只是商场里卖鞋的销售人员，大家都去过商场，妈妈要是被人认出来自己就丢人了。原来姗姗一直说自己的家庭条件很好，并不想让大家知道自己的妈妈只是个销售人员。

于是，姗姗就去找大姨帮忙，姗姗的大姨是名医生，姗姗觉得当医生特别体面，而且姗姗还要求大姨一定要开着姨夫的车去学校，这样自己才会有面子，同学们一定会羡慕自己的。妈妈听到姗姗的大姨和自己说了姗姗找她帮忙的事之后，妈妈不仅感到十分伤心，更是感到焦虑和担忧，姗姗才上小学三年级就这么贪图虚荣了，以后可怎么办啊？

从上面的例子我们可以看出，姗姗之所以形成虚荣心理，与父母的教育脱不了干系。很多父母和姗姗的父母一样，认为家里只有这么一个孩子，自家的经济条件又还不错，就会对孩子的要求来者不拒，从小给孩子买一些高档玩具、名牌服装，并且喜欢在吃、穿上让孩子高人一等，反而不注意培养孩子的内在修养和品德教育，还有的父母甚至会给孩子大额的零花钱来显示自己的富有和对孩子的宠爱。父母对孩子一味地"吹高""捧高"，让孩子在一片赞扬声中长大，从来不舍得让孩子经历任何挫折。在这样的家庭环境和教育之下，孩子形成虚荣心理也就不足为奇了。

当然，除了家庭的原因，孩子自身也是有原因的。七八岁的孩子心理还不成熟，还没有很强的辨别是非的能力，对事物的客观评价能力也非常差，因此他们不能客观评价自己。从幼儿时期起，孩子就很容易过高地评价自己，以为自己什么都比别人强，这也是孩子自我意识发展中的常见现象。

我们大家都非常明白，每个人多多少少都会存在一些虚荣心理，但是过分的虚荣于孩子的发展有百害而无一利。所以，当父母发现孩子有过强的虚荣心理时，也不要过于急躁，但是空口说教或者命令式的禁止是无法从根本上解决问题的，父母应该采取必要的方法对孩子过强的虚荣心理加以纠正。

### 如何正确对待孩子的虚荣心理

**1.父母以身作则**

父母是孩子的第一任老师，他们的一言一行都会直接影响到孩子，因此，父母必须以身作则，为孩子树立榜样。

**2.拒绝孩子的无理要求**

很多父母在孩子无理取闹时为了息事宁人而对孩子妥协，一次次的妥协会助长孩子的虚荣心理。

**3.培养孩子广泛的兴趣**

引导孩子了解和认识更多的东西，培养孩子广泛的兴趣，孩子的关注点转移后，就不会局限在和别人攀比上了。

值得父母注意的是，孩子适度的虚荣属于正常现象，只要不是虚荣心过盛就算正常。因此父母对于孩子的虚荣心要正确区分，对孩子宽容体谅。

父母要注意孩子的心理变化，多给孩子讲道理，要让孩子明白：与人攀比，拥有名牌衣物，并不意味着你拥有了较高的地位，只有依靠自己的努力取得成功，才能获得别人的尊重。父母要教孩子根据自己的需要来买东西，让孩子学会理性消费。适当的时候，可以让孩子知道家庭的收入开支状况，这样孩子心里就会明白自己不能花钱大手大脚了。当然，如果父母的工作很辛苦，可以让孩子见到父母工作的场景，让孩子明白挣钱的不容易，让孩子明白通过自己的劳动才能获取报酬，从而让孩子懂得节俭的重要性。

当然，对于孩子的表现，父母要做公正的评价，客观点评孩子的表现，不要过分夸大孩子的优点，也不要隐藏孩子的缺点。对于孩子那些符合道德规范的行为，父母应该给予适度的表扬，对于孩子的缺点也要及时指出并纠正，这样孩子就会明白自己并非十全十美，也是有不足的，这样孩子在以后的生活中就不会听不得批评了。

要消除孩子过强的虚荣心理并不是一朝一夕就可以完成的事情，父母只有以自己的言行在生活中一点一滴地给孩子做出正确的示范，并通过恰当的时机让孩子感受到虚荣心理过强所带来的烦恼和痛苦，这样孩子才能意识到虚荣心过强是不利于自己成长的。

## 自卑的孩子没有自信

有很多孩子，他们在心里不相信自己的实际能力，害怕在做事时失败，在学习或社会交往活动中也表现出一定的退缩举动。这样的孩子在做事情的过程中，只要遇到一点儿挫折，就会轻易放弃，更无法说服自己去做一件比较困难的事情。虽然这样的孩子内心也十分渴望成功，但是由于对自己的能力缺乏信心，他们往往会认为自己不行，就算自己努力去做也是白费力气，失败了还会让人看笑话，不如早早退出的好，因此他们不去参与任何有挑战性的活动。这样的孩子在集体生活中能不露面就绝对不会露面，他们也很少主动与同伴交流，一般来说，这样的孩子没有太多的朋友，或者他们会过分依赖于某一个能保护自己的同伴。这种对自己没有信心的孩子，他们的心里往往是自卑的。

### ❤❤ 孩子不自信的原因 ❤❤

找到孩子自卑心理的根源，再加上正确的教育方式、方法，就能够帮助孩子从不健康的心理状态中走出来。而孩子自卑是由于他们的不自信造成的，那么孩子为什么不自信呢？

**1.学习中遭受了打击**

比如考试没有考好时，父母和老师的责备会让孩子倍感压力，在重压之下，孩子难免会丧失信心。

> 这么简单的题目都做错，你是有多大意啊！

> 我脸上要是没有胎记就好了。

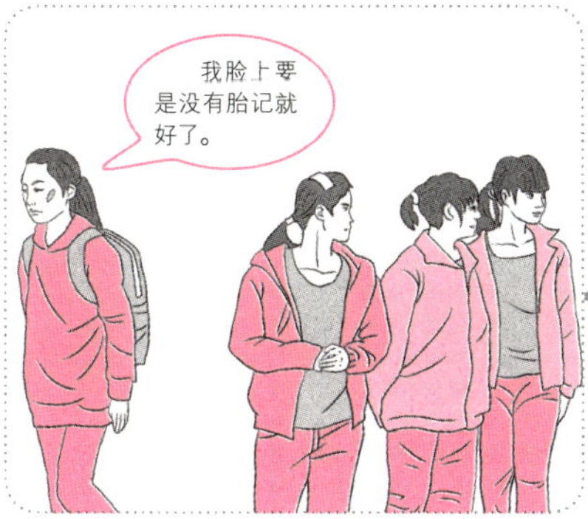

**2.身体上有缺陷**

有些孩子因为相貌丑陋、身材矮小或身体有残疾等，就常把自己封闭起来，进而对自己失去信心。

> 这次的篮球赛三班根本就不是我们的对手，我们胜得一点悬念都没有。

> 是你们打得好，哪像我，什么也不会……

**3.错误的比较**

有的孩子总是拿自己的短处和别人的长处比较，在比较中觉得自己不如别人，便会越来越泄气，越来越没自信。

当然，也有的孩子在生活和学习中遇到的挫折与失败太多，做事成功率低，以至于认为自己什么都做不好，从而缺乏自信心。

从心理学的角度来看，自卑属于一种性格缺陷，具体表现就是人们对自己的能力和品质评价过低，对自己缺乏正确的认识。孩子过多地否定和贬低自己而抬高别人，影响了对自己正确、客观的判断，如果孩子不能客观、正确地看待自己和周围的人和事，就会影响到孩子的健康成长。这种自卑的心理在日常生活中具体体现为胆小懦弱、办事无胆量、畏首畏尾、随声附和，没有主见，一遇到错误的事情就一味认为是自己不好，从而陷入一种自我谴责的泥潭中不能自拔。在这种性格缺陷下，孩子就会像一株生长在阴暗角落里的含羞草，终日见不到光明和希望，只能自怨自艾。自卑对孩子的健康发展是极其不利的，长此下去，孩子将会因此丧失勇气和信心，而且，一旦孩子对自己某方面的能力丧失信心，可能就会连带着对自己其他方面的能力也丧失自信，最后造成多方面甚至全面的落伍。如果发展到严重丧失自信心的地步，孩子还会出现更多生理上或心理上的异常表现。所以父母对此要尤其注意，应该尽快并且彻底帮助孩子脱离自卑的阴影。

然而，很多父母由于忙于工作，很少会注意到孩子的自卑心理，或者是有的父母根本就无法理解孩子的这种心理，因此更谈不上去尽早发现和及时补救孩子的缺失。更有很多父母任由孩子的自卑心理伴随孩子成长，他们不知道这样不仅仅会使孩子得不到很好的成长，还会给孩子成人后的生活带来更大的痛苦和折磨。

张林已经上初中了，他的成绩也非常不错，但是他就是胆子小，最大的问题是上课的时候极少发言，就算是老师点名让他来回答问题，他也是支支吾吾，明明答案说得很对，但是他却像是不知道一样表现得非常害怕，他在班里做别的事情也是这样畏畏缩缩的。在家里的时候，妈妈就是让他接一下电话，他也是拿着手机不说话，即使说了，声音小得几乎听不到；家里如果来了客人，张林就躲到自己的房间不肯出来，就算客人中有和他年龄相仿的孩子，张林也不出来和对方玩。妈妈看到张林这样胆小，就到学校和老师商量着如何改变他这种自卑胆小的状况。

于是班主任老师特意找张林谈话，希望他当班里的副班长，负责班里的卫生工作，可是张林死活不肯，站在老师面前，一副不知所措的样子。老师坚持让他

做副班长，张林竟然流起眼泪来，老师只好作罢。老师建议张林的妈妈先找到孩子自卑的根源，这样才能对症下药。

原来，张林从小体弱多病，妈妈几乎是含着泪水看着他长大的，为此妈妈还辞去了自己的工作，专门在家抚养张林。妈妈觉得自己为这个孩子付出太多了，因此，妈妈对张林抱有很大的期望，对张林的要求也非常严格，不允许张林做错事情，不允许他贪玩，更不允许他的成绩落后于别人。妈妈完全用一个完美的标准来要求张林，只有在他表现得非常优秀的时候，妈妈才会感到欣慰，如果他没有表现好，妈妈就会很生气，就用打骂、挖苦、吓唬的手段来"教育"张林。久而久之，张林自己就不愿意出去玩了，也不愿意说话了，每天就是自己待在房间里学习。刚开始的时候，妈妈感到十分欣慰，觉得张林特别懂事，知道自己主动学习，然而，时间长了，孩子就变成了现在的这个样子，妈妈也不知道怎么才能帮他改过来了。

通过上面的这个例子，我们可以了解到父母对孩子自卑心理的形成有很大的作用。13岁之前的孩子，还不能客观地对自己进行评价，他们更多是通过父母对自己的态度和评价来认识自己，因而父母的态度和评价对于孩子自卑心理的产生，具有重要的诱发和强化作用。张林就是这样的一个例子，妈妈在他表现不好的时候总是打骂、挖苦、吓唬他，这让张林觉得自己一直不够优秀，因此逐渐产生自卑心理。在父母看来，孩子似乎永远都是无忧无虑的，因为自己把孩子照顾得很好。但是事实上，孩子也有孩子的苦恼，自卑就是其中最可怕的一种。现实中很多孩子在生活上和学习上都存在困境，这都是因为他们对自己的信心不足造成的，尽管不是因为本身有什么缺陷或短处使孩子自惭形秽，但他们仍旧感到自己就是比别人差。自卑的孩子通常会认为自己在某一方面或多个方面不如别人，甚至样样不如别人，他们常以一种怀疑的眼光看待自己，而且对周围人的言行、态度的反应也格外敏感。这样的孩子在生活中，他们的内心深处往往隐藏着永不消散的愁云。

孩子自卑心理的形成有着多种原因，其中主要是受家庭环境和他人对孩子的

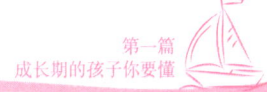

态度这两方面的影响。从这两方面可以看出，父母在中间起到很大的作用。这也就是说，对于孩子的自卑心理的产生，父母往往要承担很大一部分的责任。但是在现实中，很多父母意识不到孩子对自己没有信心是他们造成的，他们对孩子的这种心理不去教育也不去引导。孩子并不是生来就有自卑心理的，这种心理是后天教育不当引发的。孩子是脆弱的，他们很容易受到伤害，大人成熟的心理是体

### 激发孩子的自信心

自信心对孩子的性格发展十分重要，那么，父母怎样才能让孩子学会自我激励，学会肯定自己呢？父母可以尝试一下下面的几种简单可行的办法。

当孩子在某件事上失败了，他在自我激励时，父母更要鼓励他去肯定自己，这样可以帮助孩子缓解紧张的情绪和压力。

验不出来这些伤害的,他们可能觉得自己的举动很正常,对孩子的教育也很到位,父母不知道他们有时正在培养着孩子的自卑心理。

如果孩子有了自卑心理却得不到及时的纠正,这不仅有碍于孩子的健康成长,孩子长大以后还会因为这些不良的情绪而影响到自己未来的家庭。要改变孩子的这种坏的心理状况,最忌讳的就是用批评、斥责的语言对待孩子,父母要随时随地用语言鼓励孩子去做一件事,如果孩子成功了,就多加赞赏,即使不成功,也要想方设法使孩子对失败不要有太大的压力。在做事的过程中找孩子的优点,使孩子有信心面对事情,这样才能充分发掘孩子的优势和潜能。

只要在矫正孩子的自卑心理时,多给孩子以赞赏,孩子就会慢慢变得有胆量面对困难,孩子有信心了,他的胆子就会大起来,做事就会有主见,一个能干的孩子就会出现在你的面前。

## 孤独和自闭关上了孩子的心门

现在的社会是个快节奏的社会,由于生存的压力,很多父母都在不停忙碌着,他们很少去关心孩子的内心世界。然而,当孩子长大之后,尤其是孩子在进入青春期之后,一些父母非常渴望知道孩子在想什么,渴望能时不时与孩子说说心里话。但是经过多次的尝试之后,无数的父母失望地发现,孩子心灵的大门似乎紧紧地锁上了,他们无论怎么努力都打不开。

然而,在孩子将心门关上之后,各种各样的问题也就随之而来了。

小晨是个刚刚升入初中一年级的学生,父母每天都上班,即使到了周末很多的时候他们也是在加班,所以很多时候都是小晨一个人在家,有的时候遇到问题了,小晨想要问问爸爸妈妈,但是爸爸妈妈下班后都累了,不是敷衍几句,就是直接冲着小晨发脾气,所以,小晨也就不敢问了。慢慢地,小晨就变得不爱说话

了，学习成绩也逐渐下降。因为自己上课总是走神，回到家之后自己有些不会的问题也没法问父母。时间长了，小晨也就失去了对学习的热情。

小晨在升初中的时候，自然也没有考好，爸爸妈妈狠狠地说了他一顿，让他以后好好学习。小晨以为爸爸妈妈又开始关心自己的成绩了，他也想把成绩往上提，就在课下问同学或者老师，但是自己落下的实在太多了，有时老师也会失去耐心，这让小晨士气大挫，也感到很自卑。回家问爸爸妈妈，爸爸妈妈还说小晨太笨。于是，小晨又重新变回了原来的样子，他感觉大人根本就不可靠。

以后再遇到什么问题，小晨都是谁都不问，就让问题一直堆积在心中。同学们也都觉得小晨太不爱说话了，有时大家都会觉得班上根本就没有小晨的存在。在初中一年级结束的期末考试中，小晨又因为成绩太差，遭到老师和爸爸妈妈的批评，小晨承受不了这样的压力，最终在暑假中选择跳楼自杀，结束了自己年轻的生命。

看完这个故事，我们不禁感到震惊：是不是现在的孩子心灵太脆弱？是不是孩子太不珍惜自己的生命了？其实，最根本的原因是孩子的心灵没有得到健康的发展。由于找不到沟通的途径，找不到解决问题的方法，孩子的心灵被压抑了、被堵塞了、被扭曲了，所以孩子要结束自己的生命，他认为生命的结束就是一种解脱。

在亲子不能很好沟通的家庭中，青春期的孩子是孤独的。他们对于生死、对于人生都有了朦胧的认识，但由于心理承受能力弱，他们往往会将事情想得很糟糕，容易对人生和社会失去信心。对于父母的关爱，他们不再像以前一样感到温暖贴心，而是觉得唠叨刺耳，他们觉得那种关心变成了一种刺探，那些爱护变成了禁锢他们的紧箍咒。

据北京某研究所发布的一项最新调查结果显示：有34.9%的孩子对孤独感到担心、忧虑。负责这项调查的研究员纪秋发介绍说：在这项历时一年，共访问了北京市1000名大学生与中学生的调查中，他们发现很多孩子经常提及"孤独""郁闷"之类的词语。

孩子希望自己能够像一个大人一样拥有自己的天地，然而却得不到别人的支持，于是，他们觉得自己干什么都不被理解，就连平时挺要好的同学和朋友，现在

也不是那么亲密无间、无话不谈了，自己一肚子的心事，不知道该和谁说。所以，很多青春期的孩子总是会发出这样的感叹："我好孤独，为什么没人理解我呢？"

自闭和孤独往往结伴而行，因为孤独而自闭，而自闭又导致了孤独，它们就像两扇沉重的铁门，把孩子的内心紧紧地关闭起来。孩子的自闭和孤独一般表现为情绪低落、悲观、厌世，孩子如果有严重的自闭则会出现自杀的现象，就像上面那个例子中的孩子一样，他选择自杀，在很大程度上就是因为他心灵的闭锁。所以，要想孩子健康成长，远离自闭和孤独的心理，父母就要加强与孩子之间的沟通，走进孩子的内心世界。

孩子的自闭、孤独大多是由家庭环境引起的，当然，也有少数是由于学习或者考试失败而造成的。所以，无论是一个完整的家庭，还是单亲家庭，父母都要找点儿时间，陪孩子聊一聊，哪怕是极短暂的对话，也会起到非凡的效果。另外，由于长大之后的孩子，特别是青春期的孩子比较敏感，父母的一言一行都对孩子有着很大的影响。所以，父母要给孩子更多的关爱，让孩子体会到这种关爱，从而让孩子逐渐远离孤独和自闭。

另外，性格孤僻、不合群的孩子，常常把自己孤立起来。心理学家认为：一个人在独处时，心理活动就会转入内部，朝向自我。孤独的孩子因为长期独处，所以他的心理活动的范围变小，活动的内容也会变得越来越窄，这样的孩子也只能翻来覆去在某几个问题上转，再加上孩子的认知是有限的，所以孩子的心理活动就会走向片面，从而陷入深深的孤独之中而不能自拔。父母应鼓励孩子与他人积极交往，在相互的交往过程中，孩子的注意力会被他人所吸引，心理活动就不会局限于个人的小圈子里面，性格也就会变得开朗起来。

另外，孩子长大之后，无论是身体上，还是心理上都会发生很大的变化，他们逐渐变成了一个小大人，开始自我欣赏。所以，这个时期，父母除了在生活上无微不至地照顾孩子之外，还应该做孩子的好朋友，在心理上给孩子自我发挥的空间，欣赏孩子、赞扬孩子、鼓励孩子，多说一些肯定孩子的话，加强孩子的自信心，这样就可以使他们的孤独感逐渐减少。

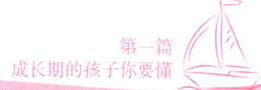

# 第二篇 成长期孩子能力的培养

# 第一章 良好的社交能力助力孩子成长

## 孩子没有倾听的耐心

"上帝给我们两只耳朵,却只给我们一张嘴巴,意思是要我们多听少说。"在人们日常的语言交往中,"听"居于非常重要的地位,善于倾听在人际交往中是非常重要的。善于倾听他人意见的人,与他人的关系也会很融洽。因为倾听本身是褒奖对方谈话内容的一种方式,能够耐心倾听对方的谈话,等于告诉对方"你是一个值得我倾听你讲话的人"。

当然,大人在倾听的过程中,可以掌握对方的信息,弥补自己的不足,不断完善自己。其实孩子也是一样的,尤其是在孩子长大一点,上学之后,他们需要懂一些交际的技巧,而倾听无疑是最重要的一项交际技巧。但是对于13岁之前的孩子来说,他们的心理发展还不成熟,自我控制能力和情绪控制能力还比较差,很难做到耐心倾听别人的谈话,他们总是率性而为,想到哪里说哪里,不管对方是不是正在讲话。很显然,这无论是对孩子的人际关系,还是对孩子良好个性的养成都是十分不利的。

想要让孩子学会倾听,就必须要让孩子有耐心。然而,对于心理发展不成熟的孩子,尤其是低龄儿童来说,他们喜欢亲自动手去探索、去实践,但是他们在活动中又常常缺乏耐心,就更别说是要对别人的讲话耐心倾听了。他们往往是刚

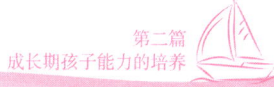

开始兴趣十足,但只有三分钟热度,有时连三分钟也不到,孩子就失去耐心了。其实,这和孩子的注意力不集中有一定的关系,每个年龄段的孩子,注意力集中的时间长短都有所不同,如果孩子集中注意力的时间太短,他就很难做到倾听别人讲话这件事情。

## 培养孩子的倾听能力

倾听是人际交往中一项重要的交往技能,也是孩子综合素养的体现,培养孩子的倾听能力会对孩子的人生产生不可估量的正面作用。

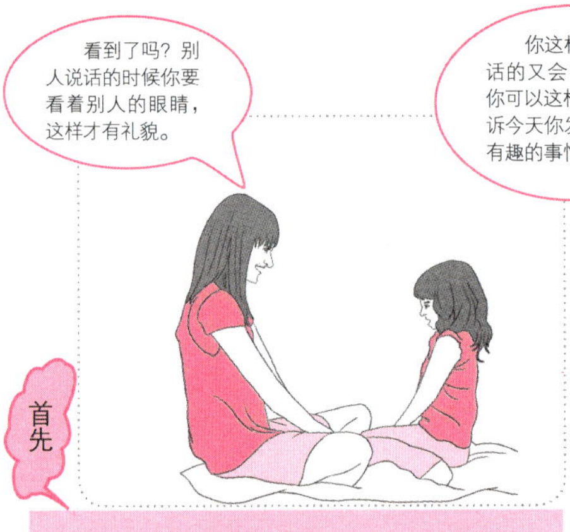

**首先**

**教给孩子倾听的礼仪**

在倾听的时候要保持安静,看着对方的眼睛,注意自己的表情和姿势,还要做出相应的反应等。

**其次**

**教孩子学会提问**

恰当的提问方式可以帮助孩子把说话的机会让给别人,更能引导对方畅所欲言。

**最后**

**做恰当评价者**

适当的评价是培养孩子的重要手段,适时的赞扬可以让孩子品尝成功的喜悦,获得满足感。

孩子认真倾听的习惯不是一朝一夕就能养成的,这是一个长期的过程,需要父母经常的提醒和长期的指导才能培养训练出来。

在心理学上有一个半途效应，说的是人在激励过程中达到半途的时候，由于心理因素以及环境的交互作用而导致的对于目标行为的一种负面影响。具体到孩子身上，就是指事情做了没多长时间，想到其他事情他就会放弃现在的事情，或者遇到一点困难就会停止。在倾听这件事上，就是说孩子刚开始的时候可能在认真听，但是如果自己想到了别的内容，或者身体、环境出现影响因素，孩子就会对倾听失去耐心。针对孩子的这种情况，父母可以利用日常生活中的一些小事情来引导孩子，先培养孩子耐心、认真做事的习惯，让孩子形成良好的做事态度，再逐渐转移到耐心倾听上，让孩子学会倾听。

寒寒已经上幼儿园了，他在学校里学会了很多的知识，会唱歌、讲故事，于是他整天缠着妈妈，让妈妈听他讲故事或者唱歌、背古诗等。妈妈有的时候有些忙，就会让寒寒出去玩一会儿，寒寒就会把目标转移到别人的身上。原本爸爸妈妈也没有特别在意，认为这么大的孩子本来就是十分爱表现自己的。

但是最近这一段时间，妈妈却感到十分忧愁，因为妈妈发现寒寒总是喜欢自己说，想什么时候说就什么时候说，当别人说话的时候，寒寒也不认真听，听着听着就开始插话，或者去做别的事情去了，就算是妈妈在教育他的时候，寒寒也是经常走神。无论对方是谁，寒寒都是这样我行我素的。有一次家里来了客人，是妈妈的同事有点事想找寒寒的妈妈帮忙就到家里来了，妈妈陪着同事在说话，寒寒在一边玩玩具。刚开始的时候还好好的，但是寒寒玩烦了之后，也不管妈妈正在和客人讲话，就直接开始插话让妈妈去给自己拿水果吃，妈妈给他水果之后，他坐在妈妈身边开始听妈妈和客人谈话，还时不时就插上两句，让妈妈感到十分尴尬。

还有前几天妈妈去幼儿园接寒寒，老师也告诉妈妈说寒寒最近上课的时候听讲十分不认真，总是打断老师讲课，弄得课堂秩序非常不好，老师希望家长可以帮助教育一下寒寒。妈妈这才意识到了问题的严重性，但是妈妈却不知道用什么方法才能让寒寒好好听别人讲话，不要心不在焉或者插话抢话让对方无法完整表达自己的意思。

像寒寒这样的孩子在生活中是十分常见的，在日常生活中，我们往往会发现许多孩子非常善于表达自己，就像寒寒一样，说起自己的事情滔滔不绝，但是他们却不懂得倾听，甚至不愿意倾听别人的建议和忠告，所以他们无法在人际交往中体现出真诚的态度。事实上，每一位父母都应该培养孩子倾听的习惯，特别是在孩子13岁之前，这将使孩子受益终身。尤其是对于那些只善于夸夸其谈、只顾表现自己的孩子，做父母的更要让孩子学会倾听。倾听他人说话是孩子必须具备的美德，孩子要与人融洽相处，流畅交流，必须要先学会倾听。在倾听他人的过程中，孩子不仅可以从他人的言语中学到更多的知识，更能学到他人为人处世的态度与原则。

从上文中我们已经知道，要让孩子学会倾听，就必须先培养孩子的耐心。孩子的年龄小、稳定性差、注意力不集中，容易被新鲜的事物所吸引，自我控制能力差，这些都有可能会让孩子失去耐心，因此，父母要帮助孩子排除各种可能导致孩子失去耐心的因素，让孩子学会全神贯注地做事情，这样在孩子与人交谈的时候，他也就可以集中精力，做到认真倾听了。比如平时，孩子哭闹的时候，父母不要总是用转移注意力的方式去安抚孩子，这样容易影响孩子集中注意力。在孩子专心致志地做某件事情的时候，父母要尽量避免干扰孩子，孩子要远离像玩具、食物、电视等容易分散注意力的事物。当孩子对某些事物表现出浓厚的兴趣时，父母要适时引导、鼓励孩子坚持下去，久而久之，孩子就会变得有耐心。

当然，孩子的许多习惯都能从父母的身上找到影子，为了让孩子学会倾听，父母要特别注意言传身教，要做一个耐心、专心、悉心的倾听者。好的父母无一例外都是耐心的倾听者，当孩子说话的时候，父母要专心倾听，无论孩子说的是对是错，是流畅还是吞吞吐吐，父母绝不应该在孩子说话时做其他事或轻易打断孩子。在倾听孩子讲话的时候还要注意，父母一定要端正态度，千万不要一副表面上倾听、实际上千方百计想出理由来反驳孩子的样子，如果父母完全不顾及孩子的感受，总是否定孩子的想法，这样孩子便不会再主动与父母交流了。

### 培养孩子的耐心

想要让孩子学会倾听,就必须让孩子有耐心,那么,父母怎么做才能培养孩子的耐心呢?

1.营造能让孩子全神贯注做事情的环境,孩子心理不成熟,很容易受到外界干扰,父母要给孩子创造安静、简朴的环境。

2.明确具体的要求,可以让孩子知道为什么要这样做,激发孩子产生集中注意力去完成的愿望,促使孩子做事有始有终。

平时,父母应该把多一些的精力放在孩子身上,在孩子表现出不耐烦,想要转移注意力的时候及时提醒孩子,让孩子把一件事情坚持到底。

## 孩子变得比小时候自私,不喜欢分享

一个人不能总是以自我为中心,我们生活在社会上有赖于与他人的互惠互利。有句话说得好"送人玫瑰,手留余香",送花的人不仅分享了玫瑰的花香和美丽,还收获了友情和快乐。分享是孩子应该拥有的一种良好的品质。不会分享的孩子往往不合群,在社交上也不会顺利。孩子因为不被同伴接纳而感到孤独,渐渐地,孩子就容易封闭自己。

然而,现在的孩子大多数都是独生子女,他们从小独自拥有食物、玩具、空间,还有父母全部的爱,没有和兄弟姐妹分享一切的机会,在这样的环境下,孩子很容易就会成长为自私霸道的人。如今,孩子以自我为中心的现象成为困扰父母的问题,所以,父母要重视培养孩子与人分享的习惯。

也有很多父母习惯把孩子不懂得分享的问题看成是孩子的品行问题,其实这是完全错误的。孩子的"自私"是他们学会分享的必经之路,他们要经过这样一个心智成长的过程,才能慢慢领悟,学会分享。

### 孩子不愿意分享的原因

孩子不愿意分享是什么样的心理原因呢?根据心理学分析,孩子不愿意分享的原因主要有以下三点:

其一,孩子的占有欲强,是他的东西就不允许别人碰。

"这是我的!"

"把你的芭比娃娃借给小妹妹玩一下,好不好?"

"不要给她,我要自己玩。"

其二,孩子不懂"借"的意义,生怕自己的东西一借给别人就不再属于自己了。

"我把我的飞机给浩浩玩了,但是他不还给我了!我以后再也不让他玩了。"

"怎么哭了呢?"

其三,孩子以前借东西给别人,有东西被弄坏或没有还回来等不愉快的经验。

了解了以上几种原因之后,父母要判断孩子的小气是属于哪一种原因,然后再调整教育方式和方法,适当引导,就能逐步帮孩子调整。

尤其是3岁左右的孩子正是自我意识的发展阶段，他们由前两年的依恋逐渐迈向独立。在这个阶段，孩子开始建立"所有权"的概念，开始明确我、我的、我的东西。在他们心中，所有拿到他们手里的东西都是"我的"，他们意识不到别人也有"我的"，也不明白为什么要和别人分享。建立分享意识需要一个漫长的过程，孩子要先分清楚哪些是"我的"，哪些不是"我的"，然后他们才能在一个不断重复和练习的过程中，逐渐体会到分享的快乐。

由于3岁左右的孩子心理还不成熟，在他们的认知中，没有"借"与"还"的概念，他们认为东西一旦离开自己就不再属于自己了，当然，拿到自己手里的东西也自然成为了"我的"，不肯归还。所以，父母应该先让孩子明白"分享"不是"失去"而是"互利"这个道理，父母在让孩子感受爱的温暖和快乐的同时，也要帮助孩子学会爱别人、帮助别人。

在心理学上有一种效应被称为"拆屋效应"，就是说要求一个人拆屋顶别人不会同意，如果他转而提出开天窗，别人就会同意，这种先提出不合理的要求，接着提出较小、较少的要求，这个较小的要求就容易被人们所接受了。在孩子不喜欢与人分享这件事情上，父母可以照此效应，先对孩子提出较大的分享要求，孩子不答应的时候，父母再提出较小的要求，一般情况下，孩子就会接受这个较小的要求了。

天天现在已经3岁了，在上幼儿园小班，他可是家里的宝贝疙瘩，大人们对他宠爱有加，什么好吃的好玩的全部都是给他留着。长期以来，使得天天形成了一个习惯：好吃的好玩的就应该是他的，从来不与别人分享，即使是自己的爸爸妈妈也不行。

有一次，妈妈买了一袋糖块，天天很喜欢吃，就拿着袋子不放手。妈妈觉得吃糖多了对孩子不好，就对天天说："宝贝，有这么多糖块，给妈妈吃一个吧。"天天把糖抱在自己的怀里，就是不肯给妈妈。妈妈开导天天说："妈妈对你那么好，疼爱你还照顾你，你不能给妈妈吃吗？"天天听后，觉得很委屈，眼泪都要掉下来了。见到天天这个样子，妈妈只好作罢："好了，好了，不给妈妈

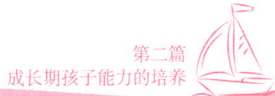

吃，天天吃。"

叔叔家的小弟弟正好比天天小1岁，一天，妈妈将天天小时候的衣服、鞋子和玩具都装到一个箱子里面，准备送给小弟弟。一听说自己的东西要送给别人，天天不干了，他紧紧地抱住箱子，说："这是我的，这是我的，不给他。"妈妈对他说："这些都是你小时候的东西，现在你已经用不到了，正好可以给弟弟，这样多好啊，就给他好吗？""我不，这是我的！"天天仍然不同意，抱着箱子不肯松手，就是不让妈妈把这些东西拿走。

在幼儿园里，天天也非常小气。幼儿园的老师经常对妈妈说，天天不随便拿别人的东西，但是他也不让别人拿他的东西。有时候同桌的文具没有带全，想向天天借画笔或者橡皮，天天却把自己的东西护得紧紧的，怎么都不肯借给别人用。看到天天这样不懂得分享，妈妈真的不知道该怎么办了。

孩子不懂得分享、不懂得礼尚往来、不懂得拓展良好的人际关系，往往让父母觉得既尴尬又生气，他们认为孩子小气，同时也担心孩子在以后的待人处世中能力不足。其实，这不只是孩子个人的问题，也与家庭的教育有关。就像是例子中的天天一样，他是家里的独生子，很容易养成吃"独食"的习惯，形成"一人独大"的性格。因为缺少与手足、朋友分享的机会，再加上父母对孩子的溺爱与过度满足，这都可能会造成孩子以自我为中心的自私性格，孩子只从自己的角度考虑问题，不会顾及周围人感受。孩子长大之后，他们很容易因遭受挫折或打击而一蹶不振。

虽然自私是孩子必然经历的心理成长阶段，但是父母还是要对孩子进行引导，帮助孩子及早学会分享，对孩子偶尔表现出的分享行为表示赞赏和鼓励，从而强化孩子的这一行为品质。父母要帮助孩子从一点点的分享行为发展到不断地、自发地产生分享的动机和行为。

比如，孩子拿着吃的递到父母嘴边的时候，父母一定要咬一口，然后称赞孩子："宝宝能把自己的东西给爸爸（妈妈）分享，真是好孩子！"当然，父母也可以不只是言语赞美，还可以用赞许的眼神、灿烂的笑容、微笑点头等方式赞美

孩子的分享行为，这些都能让孩子感受到很大的鼓励，从而进一步强化他们分享的动机和行为，使他们能自觉与别人分享。当然，孩子还不懂得分享的意思，父母一定要有耐心，慢慢引导孩子，切忌因为一块饼干、一个玩具就给孩子贴上自私的标签。

另外，在教育孩子让他与别人分享某些东西的时候，父母应该用商量的口吻和孩子谈，让孩子心甘情愿地与他人分享，千万不能强制孩子执行。如果强制孩

### 如何教会孩子懂得分享

1.告诉孩子分享的好处

让孩子懂得通过分享可以交到更多朋友、会更受欢迎等好处，孩子逐渐就会愿意分享了。

2.父母要与孩子分享

孩子和父母分享时父母如果拒绝，久了孩子就没了谦让和与人分享之意了。

3.父母要言传身教

父母在日常生活中慷慨大方，乐于与亲朋好友分享，以自身的良好行为会潜移默化地影响孩子。

一个乐于分享的人，自然就能收获朋友、收获快乐以及别人的帮助，所以，父母应该积极帮助孩子学会分享。

子把自己的东西和别人分享，让孩子不情愿地把东西分给别人，这会给孩子的心灵造成伤害，给孩子带来巨大的恐惧感和危机感，还有可能会让孩子产生这样的想法：我的东西被强行分给了别人，我也可以强行得到别人的东西。如此一来，分享就变成了交换，甚至是霸占，这便会产生适得其反的效果。在以后的生活中，孩子还会把自己的东西看护得更紧，使孩子与父母之间产生隔阂，影响亲子关系。

孩子是自己东西的主人，他有权决定是否分享。分享是优点，但是不分享也没有错。所以，父母在教育孩子的时候，不能要求孩子把自己的东西无限分享。父母可以教给孩子分享的好处，例如分享能够表示友好，可以交到更多的朋友，等等。但是父母不要强制孩子进行分享。

## 孩子学会了骂人

骂人是一种极其不文明的行为，轻者有伤和气，重者会引发他人的怨恨和报复。生活中有许多人际冲突常常是从互骂开始的。在现实生活中有很多父母对孩子张口就骂人的行为熟视无睹，尤其是那些刚开始学说话的幼儿，父母听到他们偶尔学说一两句骂人的话时，甚至感到很有意思，这是非常错误的，日久时长，孩子就很容易养成骂人的恶习。对此，父母一定要引起重视，从小纠正孩子骂人的习惯。

在孩子两三岁的时候，由于年龄小，孩子的模仿能力以及好奇心都比较强，有时在听到别人说了一句脏话之后，他们其实并不清楚这句话的意思，只是纯粹想模仿大人，于是就跟着学说脏话了，当然，孩子并不明白这句话的含义，也没有意识到自己说话不文明。但是，如果孩子在说这句脏话的时候，能引起周围人的哄堂大笑，那么孩子肯定会认为自己说的话很好玩、很有趣或者这样能引起别人的注意，因此就会出现"越不让他说，他却说得越厉害"的情况。

这是孩子在这个年龄段存在的普遍心理，他们就是希望引起别人对自己的注意，不管是动作还是语言，只要能让别人关注自己，孩子就会重复地做或者说。虽然孩子小的时候并不理解脏话的含义，但是如果父母不加以制止，让孩子养成了说脏话的习惯，等孩子懂得所说脏话的意义之后，他们就已经形成了固有的说话习惯，那个时候再让孩子改正就更难了。因此，父母应该采取一些有效的措施来制止孩子说脏话的行为，使孩子健康成长。比如，父母可以给孩

### 造成孩子骂人的原因

孩子在成长的过程中都会多多少少有过骂人的经历，一般来说，造成孩子骂人的原因主要有三个：

一是孩子没有是非观念，别人骂人，孩子也跟着学，这是孩子学会骂人的一种普遍原因。

二是有些父母平时就爱说脏话，不注意自己的言行，孩子受其影响，也学会了说脏话。

三是被迫骂人，小伙伴之间发生了矛盾，或者受了欺负，孩子便以牙还牙，借骂人来发泄自己的不满。

子讲讲道理，虽然这个年龄段的孩子可能听不懂太深奥的道理，但是如果父母用孩子能够理解的语言来讲一些浅显的道理，孩子还是能够听懂的。父母还可以告诉孩子说脏话不仅是一种不文明的行为，而且是缺乏教养的表现。具体来说，父母可以这样告诉孩子："说脏话的孩子不是好孩子，妈妈会不喜欢的，叔叔阿姨也会不喜欢的。"这样简单的语言孩子还是可以理解和接受的。

当然，在制止孩子说脏话的时候，父母也要注意自己的态度和语气，虽然要及时使用严厉的语气制止孩子，但是需要的时候，父母一定要用礼貌性的词语，比如"请你不要再说这样的话""我不希望再次听到你说这样的话"等语言。这样的语言，可以给孩子一个心理上的反差，让孩子既明白父母的认真态度，也能感受到即使自己不满和愤怒，也应当用文明的语言来表达。我们大家都知道，父母是孩子的第一任老师，家庭教育对孩子的成长十分重要，在孩子年龄小，心理发展不成熟的时候，父母的影响力对孩子至关重要。因此，父母在孩子面前，应该时刻注意自己的行为举止，时时刻刻给孩子提供一个良好的示范。

小雪刚刚上幼儿园才两个多月，虽然在幼儿园中小雪学会了很多本领，但是她也学会很多不好的行为习惯。最近妈妈就发现，小雪的嘴里时不时就会冒出一两句脏话来。刚开始的时候，妈妈很震惊，家里人没有说脏话的习惯，不知道小雪从哪里学来的，一个女孩子说脏话多不好啊。后来妈妈去接小雪回家的时候，注意了一下幼儿园的孩子，发现很多孩子都会说脏话，看来小雪就是在幼儿园中学来的。

有一次，表姐来家里找小雪玩。由于表姐长得胖乎乎的，小雪也不喊"姐姐"了，直接喊表姐"猪猪"。表姐的小脸刷就红了，但是内向害羞的表姐也只能默默接受小雪没有礼貌并且带有讽刺性的称呼。小雪和表姐一起玩赛车的游戏，她们一人手里拿着一个遥控小汽车，看谁的小汽车跑得快。表姐没怎么玩过遥控小汽车，总是输给小雪。每当表姐输了的时候，小雪都会说："哎呀，你这个大笨猪。"气得表姐不跟她玩了。

一天晚上，已经过了上床睡觉的时间了，小雪还赖在沙发上看电视。妈妈走过来，对小雪说："小雪，不要再看电视了，该去睡觉了。"谁知，小雪张口就说：

图解 孩子成长期行为心理学

"我就要看,你滚!"妈妈没有想到女儿居然敢骂她,一把拉起小雪就往卧室里拖。小雪又怕又气,她在妈妈的大手下挣扎着,嘴里还不断地哭喊着:"大坏蛋,妈妈是个大坏蛋!""你再说妈妈是大坏蛋,妈妈就打你了。"尽管妈妈这样说,

### 如何纠正孩子骂人的习惯

孩子刚开始骂人的时候,只要父母对孩子进行正确的引导,就可以把孩子爱骂人、说脏话的行为消灭于萌芽状态。

**1.净化家庭语言环境**

父母平时注意文明用语,待人和气,给孩子提供一个良好的语言环境,这有利于纠正孩子骂人的习惯。

**2.适当忽略**

父母对孩子说脏话的过度反应会让孩子觉得这样很有趣,就越会说。适当忽略,可以避免强化孩子的这一行为。

**3.让孩子学会尊重他人**

父母在平时要训练和督促孩子尊重他人。这样才能从根本上杜绝孩子骂人的行为。

教会孩子文明表达自己的想法,帮孩子把不文明的语言过滤掉,坚持正确、及时的引导,逐步纠正孩子骂人的不良习惯,让孩子健康成长。

但是小雪仍然没有停止说脏话:"你就是大坏蛋,大坏蛋……"

小雪经常这样出口成"脏",越不让她说脏话,她说得越起劲,即使被父母教训一顿也无济于事。

一定有很多的父母都有小雪妈妈的经历,孩子爱骂人的行为让他们很是头疼。其实每个孩子在成长的过程中都骂过人,这个年龄的孩子之所以会说脏话,都是跟着别人学的,他们即使不知道什么意思也会学。就像小雪,以前不会说脏话,上幼儿园之后跟着别人就学会了说脏话,如果让孩子远离说脏话的人群和环境,孩子自然就不会说脏话了。

在心理学上有一个"安泰效应":在古希腊神话中有一个大力神,他的名字叫安泰。安泰力大无穷,无往不胜,所有的神都打不过他。他百战百胜的秘密是因为安泰只要站在大地上,就能从大地母亲那里汲取无穷无尽的力量。他的对手发现了这个秘密后,便诱使他离开了地面,在空中杀死了他。这个心理学效应说明任何事物都不能失去它赖以生存和发展的环境,对于孩子说脏话而言也是如此,只要孩子失去了说脏话的环境,那么他说脏话的问题就容易解决了。

孩子为什么会爱说脏话?归根到底,还是因为孩子受到了不良环境的影响。所以父母可以采取环境隔离法,让孩子远离不良语言环境,如此一来,父母杜绝了脏话的来源,切断了脏话的传播渠道,孩子也就不会再说脏话了。少了说脏话这一行为,相信孩子会在生活中更加讨人喜欢。

## 让孩子学会自己处理跟同学的矛盾

如何处理人际关系,是孩子适应这个社会必须要学会的技能。然而,现在的孩子大多是独生子女,父母对孩子的宠爱达到了溺爱的程度,对于孩子的保护也过重,因此,他们不愿让孩子受到一丁点的委屈。于是,很多父母总是替孩子解决一

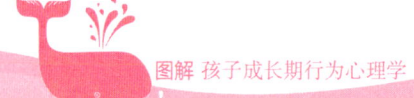

切问题，还有的父母会因为孩子在幼儿园或者学校中受了委屈而找老师、找校长告状，或者是自己的孩子被别的孩子欺负了就找对方的父母理论，生怕自己的孩子会吃亏，便全权代理孩子的成长。然而，这并不利于孩子的心理成长。

孩子在13岁之前的是非判断能力一直是不强的，对于年龄小的孩子更是如此，两三岁的孩子更是几乎没有辨别是非的能力，如果父母一味地袒护孩子，这会让孩子认为自己怎样做都是可以的，父母可以帮他解决一切困难。久而久之，孩子就会逐渐养成专横跋扈、自私自利的心理性格，逐渐让别的小朋友都不愿意跟他玩。时间一长，孩子就会觉得孤独苦闷，却不知道怎样才能和别人友好相处。慢慢地，孩子就会被孤立，这样很容易就会造成孩子孤独、自闭的心理，这对孩子的成长十分不利。

另外，如果孩子之间只要一发生冲突，父母就去干涉，这就会剥夺孩子自己探索、自我学习的权利，更会让孩子对父母产生依赖感，什么事情都要父母去替他们解决。一有问题，孩子不是先动脑子想解决的办法，而是先想到去找父母。所以，这样的孩子在生活中表现出来的是退缩、怯懦的性格，他们的心理承受能力十分差，甚至有自卑的心理产生，完全不能独立解决问题。

孩子的心理与大人是不同的，很多孩子前一分钟还在吵架，刚刚抹完泪水就又和好如初了，但是大人之间却往往会记仇。所以，用大人的处理方式来处理孩子之间的矛盾并不合适。有很多时候，孩子之间未必有多大的矛盾，反而因为父母的不正确介入使得孩子们的矛盾由小变大。孩子与其他小朋友之间产生矛盾是不可避免的，父母要慢慢让孩子学会自己处理矛盾，孩子的社交能力必须在实践中才能培养起来。父母包办代劳，事事为孩子出头，是不可能让孩子学到任何交往技能的。

所以说，成长是孩子自己的事情，父母是代替不了的，父母应该放手，让孩子自己去解决矛盾，并从矛盾中学习如何与别人相处。

英才是家里唯一的男孩子，在他的上面有一个姐姐，伯伯家有两个姐姐。作为家里唯一的男孩，他从小就被姐姐们和爸爸妈妈、爷爷奶奶保护着。小的时候，每次他与同伴们发生矛盾，父母都会想办法帮他"摆平"，不让他受半点儿委屈。

刚刚上小学一年级，一天放学的时候爸爸去接英才回家，英才噘着嘴跟爸爸

## ❤❤ 教会孩子自己处理矛盾 ❤❤

父母应该在日常生活中教会孩子自己处理矛盾，这样做比直接介入对孩子的成长更有益处。

**首先**

教孩子学会分析问题的根源，自己想办法解决，让孩子能够懂得再碰到类似问题该如何解决。

**其次**

纠正孩子的错误做法，这样有利于孩子自己处理矛盾，比如孩子如果缺乏主见，父母就应该鼓励孩子说出自己的想法。

**最后**

培养孩子关爱他人、宽容他人的品质，这样孩子之间产生矛盾的现象就会逐渐减少。

说小刚欺负自己了。爸爸发现英才的脸上确实有点儿擦伤的地方。这下爸爸可生气了,不过小刚已经被父母接走了。于是第二天爸爸去送英才上学的时候,在学校门口正好碰到了小刚。爸爸就指着小刚问英才:"英才,昨天是他打的你吗?""是的,就是他打我,打得我可疼了!"英才的话还没有说完,爸爸就走到小刚面前,警告他说:"以后再敢打我儿子,看我怎么收拾你!"英才转身朝着吓哭了的小刚扮了个鬼脸,跟着爸爸进学校了。

就是这样,父母总是全权处理英才跟别人的纷争,让英才养成了爱告状的坏习惯。一有问题,他就哭着回家找爸爸妈妈解决,在他幼小的心灵里就有了爸爸妈妈能帮他解决一切困难的观念。逐渐地,英才变得不可一世、专横霸道,别的小朋友都不愿意和英才玩了。英才也觉得自己很孤独,但是自己又不知道怎么和别人相处,他总是用挑剔、苛责别人来维护自己脆弱的自尊心。于是,英才总是动不动就对人发脾气,在家里还好,家里的人都随着他的性子来,但是在学校里大家可不买他的账,小朋友们都不愿意和他接触,他总是受到同学的非议和排挤。最后,英才几乎完全被孤立在群体之外了。

从上面的例子我们就可以看出,父母如果经常代替孩子解决问题,一味地保护、偏袒孩子,最终受伤害的还是孩子自己。英才的悲剧不能不令我们反思,在英才还小的时候,他本来可以通过和伙伴之间的冲突来学习如何与人交往,但是父母剥夺了他成长的机会,以至于他在以后的生活中不懂得如何与人交往,更不能在与人交往的过程中认识到自己与别人的关系,他没有学会谦虚合作,最终导致了自己性格的扭曲,引发了心理问题。

所以说,当孩子和小伙伴之间出现问题的时候,父母应该冷静、客观地观察,不要急于出面,要让孩子有充分的空间和时间去发挥自己的能力。父母要相信孩子的潜能是无限的,要相信孩子有解决问题的能力。父母要明白,很多时候,孩子会有打人、踢人、推人的行为,这不仅仅是他们维护自身利益的一种条件反射行为,也是他们游戏的一部分。孩子之间产生的矛盾冲突是对事不对人的,并且孩子们也不会因此而记仇。

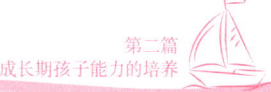

只要父母用心观察就会发现，孩子在处理冲突和矛盾的时候，会说出很多似是而非的道理。孩子虽然年龄小，但他们已经有了一定的道德准则，他们之所以会发生冲突，是因为他们觉得自己有理，这说明孩子已经有了初步的是非观念，虽然这种观念还包含着孩子"自我""任性"的心理，但却能表现孩子真实的内心世界。所以，孩子在处理矛盾时，也是提高孩子表达能力和思维能力的大好时机。

在儿童发展心理学中，儿童语言的发展不是一个自发的过程，而是在社会生活条件下，特别是教育条件下进行的。如果孩子小的时候没有融入小伙伴的群体，或者总是处于被人排挤的状况，那么孩子的语言表达能力就会相对较差。这是因为孩子在讲道理、说服对方的过程中，大脑需要不断地思考"说什么""怎么说"。为了抢占先机，孩子在快速组织语言的过程中逐步学会分析、综合、演

### 吵架能提高孩子的能力

孩子的成长，是一个社会化化的过程。在这个过程中，孩子形成适应社会的人格并掌握能被社会认可的行为方式。

1.吵架促进语言的发展

吵架可以让孩子思考的敏捷性和逻辑性得到同步提高，这促进了孩子大脑的发育和语言的发展。

2.可以提升沟通能力

吵架时孩子通过相互间的语言表达、还击行为，可以达到交流和协调双方关系的目的。

吵架是孩子解决矛盾最常用的方式，也是孩子之间寻找如何和谐相处的方法，是孩子习得适应社会的人格、掌握社会认可的行为的重要途径。

绎、归纳等最基本的思维方式。所以说，在让孩子自己解决矛盾的过程中，孩子的语言能力也会得到很大程度的提高。从中可以看出，孩子为解决矛盾而吵架，这对孩子也并非只有坏处。

因此，父母应该尊重孩子的成长规律，让孩子在与同伴的冲突和矛盾中不断成长。这种经独自解决矛盾的经验会帮助孩子更好地认识他自己所处的环境，让孩子在独自处理矛盾的过程中，通过不断地探索与尝试，获得一种处理问题的方法，加速孩子的心理成熟。

## 孩子不喜欢跟人合作

现代社会是一个讲究双赢的社会，人与人之间的合作是必不可少的。孩子进入社会以后，在与人相处的过程中，他们最需要拥有的其实就是合作能力。在这里，我们先了解一下什么是合作。合作，指的是两个或两个以上的个体或群体为了实现共同目标或共同利益而自愿结合在一起，通过彼此间的相互配合而实现共同目标或共同利益的一种联合行动。对于孩子来说，合作就是在做游戏、学习的过程中，他们能够主动配合、分工合作，使得活动能够顺利进行下去，同时每个人都能从中实现自己的目标。

然而，在现代家庭中，绝大多数孩子是独生子女，他们之间的合作互助行为较为少见，更常见的是孩子的自私、自利、霸道、专横等行为。一谈起合作教育，一些父母就认为："只会合作不会竞争，肯定要吃亏！现在都是竞争的社会了，还谈什么合作？"殊不知，随着社会的发展，人与人合作的机会就会更多了，在当今社会中，合作比竞争更为重要。如何引导孩子学会与他人友好相处、学会合作是学校教育的重要内容，也是家庭教育永恒的课题。如果孩子不懂合作，那么这将会严重制约孩子今后的发展。

现在的独生子女太多，在这种特殊的成长环境下，很多孩子都会有不同程度的攻击性倾向。长期以来，人们已经适应了这个竞争的社会，父母在教育孩子的时候，也会教孩子要有竞争意识，要取胜，要比同龄人更强。在这样的家庭教育下，孩子就会认为帮助别人时自己就要有所牺牲，别人得到了自己就一定会失去。其实，帮助别人就是强大自己，帮助别人就是在帮助自己，别人得到的也并不是自己失去的。

## 孩子之间出现冲突的原因

孩子之间出现冲突是十分常见的事情，总体而言，孩子之间之所以会出现冲突，主要有以下四方面的原因：

1.物品的分配不合理，或者是为了争夺玩具等，都会让孩子发生冲突。

2.孩子认为别人妨碍了自己，比如玩具被别人抢走或者位置被别人占了等。

3.孩子之间的冲突由于竞争、嫉妒或者维护荣誉等原因，比如父母抱了别的孩子，他就打这个孩子，或孩子对游戏的结果不满意等。

4.出于正义感，比如有的孩子看到好朋友被人欺负了，他就为朋友打抱不平，等等。

奥地利著名心理学家阿德勒曾经说过："一个缺乏合作精神和合作能力的人，其职业生涯、人际关系以及爱情婚姻方面都会出现严重问题甚至遭到失败。"其实，就拿孩子的学习来说，如果孩子之间没有交流、没有合作，任何一个孩子都不可能取得很好的成绩。如果孩子们不懂得合作，在游戏或者学习中，孩子之间就会不断出现冲突和矛盾，虽然孩子通过解决这些冲突和矛盾可以学会一些人际交往的技巧，但是毕竟只有冲突没有合作，孩子不可能学会真正的人际交往技巧。因此，父母在教育孩子的时候，还是应该教孩子学会彼此合作，无论是在生活中还是在学习中。

贝贝是家里的独生女，平常总是自己一个人在家里玩，或者和自己的爸爸妈妈玩，很少到外面去和别的小朋友玩。因此，她根本就不知道什么是合作，遇到困难的时候，她也不知道该怎么去求助别人。

在一个周末上午的时候，邻居家的果果来家里玩。即使果果来了，贝贝也还是自己在玩积木，果果自己在玩一辆小汽车，两个人之间根本就没有交流。贝贝想搭一座城堡，可是搭来搭去都失败了，城堡总是还没有搭好就倒塌了，急得贝贝皱起了小眉头，直接把积木摔在了地上。果果看到之后，走过来想帮忙，贝贝却不领情，一把就推开了果果的手。妈妈看见贝贝这么没有礼貌，就告诉贝贝："果果哥哥会玩积木，能够搭很多漂亮的城堡，你去请果果哥哥来帮帮你好吗？""不要！"贝贝一边说着，一边把搭了一半的城堡全部推倒了。

过了一会儿，贝贝又开始玩起了洋娃娃，她耐心地给洋娃娃穿上漂亮的裙子，然后还带着她去"购物"，"回家"之后，贝贝开始着手给洋娃娃做饭吃。于是，贝贝就把小碗、勺子、塑料刀等全套的仿真厨房用具全部拿了出来，她还到厨房里面拿了几片菜叶子准备做饭。果果也想参与到做饭的游戏中来，就对贝贝说："咱们两个一起做饭吧，我来切菜。"贝贝还是不同意，噘着小嘴说："我切！"说着，就把果果手里的塑料刀拿了过来，自己切了起来。塑料刀根本就不锋利，切起菜来特别不好用，实在切不动了，贝贝就用小手撕，但无论如何她就是不肯请果果来帮忙。

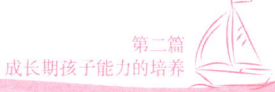

贝贝总是这样，一点儿合作意识都没有，虽然很多事情完全靠她自己根本就做不好，但是她就是不肯和别人一起做。妈妈想要改变她，可却不知道该用什么样的办法才好。

## 培养孩子的合作意识

"将欲取之，必先予之"，这是老子的名言，这个道理在今天仍然适用。13岁前是孩子性格、习惯、能力形成和定型的时期，在这个时期，父母一定要重视对孩子合作能力的培养。

**首先** 为孩子提供合作的机会

比如邀请别人到家里来玩，为孩子制订游戏的规则，让孩子逐渐学会合作。

**其次** 鼓励孩子多参加集体活动

多参加各种类型的团体活动，有利于培养孩子的合作精神。

**最后** 体验合作成功的喜悦

当孩子有了合作行为，并有了一定的成果时，父母要及时给予表扬，让孩子体验到合作成功的喜悦。

父母要培养孩子的合作能力，要教给孩子合作中的规则和技巧。上面的例子中贝贝的妈妈虽然想要改变贝贝，想让贝贝学会合作，但是却不知道该用什么样的方法去改变她。没有了父母的方法指导，孩子自然更难学会与人合作，所以贝贝才什么事都不肯请别人帮忙。

在心理学上有一个"共生效应"，指的是在自然界中，有这么一种现象：一株植物单独生长就会很矮小，而与众多同类植物一起生长，它就会根深叶茂、生机盎然。人们把这种相互影响、相互促进的现象，称之为"共生效应"。父母可以充分利用这种效应的原理，教会孩子在相互合作中获得发展。

父母可以通过增强孩子的合作意识的方式，激发孩子的合作意愿。当孩子一个人玩的时候，父母可以引导他和别的孩子一起玩，让孩子通过合作获得更多的乐趣。比如，游戏是提高孩子合作能力最直接有效的活动，父母要鼓励孩子积极参加到游戏中去。在游戏的过程中，孩子可以逐步摆脱以自我为中心的思想，从一个人独自玩发展到与伙伴共同游戏，这样自然而然地就发展了孩子的合作能力。当然，假如孩子在游戏等活动中与伙伴们发生了争执和冲突，父母应该及时疏导，帮助孩子们协调关系，确定共同目标，使活动顺利进行。总之，只有提高孩子各方面的能力，让孩子学会与伙伴互相合作，才能使孩子健康、活泼地成长。

## 孩子是别人眼中没有礼貌的顽童

礼貌对于孩子来说，既是心理品质特征，也是社交技巧。在日常生活中，礼貌是促进人际交往的黏合剂，同时也是一个人有修养的表现。一个举止得体、彬彬有礼的人，必定会受到人们的欢迎。然而，一些父母认为，孩子懂不懂礼貌并不重要，孩子只要学习好、有本事就可以了。因此，我们会发现，生活中孩子不讲礼貌的现象很多：有些孩子见人不打招呼，从来不说"谢谢""对不起"，用从大人那里学到的话骂小伙伴，去别人家做客时乱翻别人东西，等等。孩子终究是要走上社

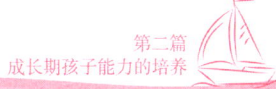

会的，试问一个举止粗俗、满嘴脏话的孩子能受到人们的欢迎吗？作为父母，我们有责任帮助孩子养成良好的文明习惯，提高孩子的文明修养。

孩子在1岁多的时候会嘴甜地和别人打招呼，父母让他叫什么他就叫什么，他们很乖很懂事。可是，随着孩子年龄的增长，孩子好像越来越不懂礼貌了，他们不但不再叫人了，甚至还会和小朋友争抢东西。孩子到了3岁左右开始进入第一个叛逆期，这个时期的孩子会用不再叫人、不再打招呼的行为来反抗父母。他们的表现其实是在维护自己，这样的做法会使他们感觉到自己更加独立自主。当然，对于这个年龄阶段的孩子来说，他们并不理解礼貌的重要性，他们也不知道为什么见了人要礼貌问好。眼前这个孩子并不熟悉的人可能对于父母来说很重要，但是在孩子看来跟自己毫无关系。一般，孩子只对跟自己有关系的人感兴趣，对自己不太感兴趣的人展现笑脸、打招呼问好不是他们发自内心的行为。所以，处于自我意识萌芽期的孩子会表现得没有礼貌。

即使孩子到了七八岁的时候，他们仍然不知道该如何尊重别人，不知道怎么样才算是讲礼貌。比如到别人家做客的时候，他就会觉得他应该跟在自己家里一样，可以随随便便。其实，在自己家里和在别人家里，是大有区别的，但是区别在哪里，他们并不知道。在别人家做客时的吃、穿、行、坐、站、言等各方面，都有它的基本要求。但是，很多父母并没有提醒孩子，或因为溺爱孩子，或认为孩子还小，等他们长大之后就明白了，于是对他们听之任之、不加约束，结果，逐渐让孩子养成了不讲礼貌的坏习惯。

当然，孩子也并不是天生就不讲礼貌，这很大程度上是日常生活中父母或周围人的影响造成的。孩子小的时候，心理发展不成熟，不能辨别是非，但是孩子的模仿能力很强，如果父母和周围人不注意自身形象，在公共场合不讲文明，不用礼貌用语，孩子也会在不知不觉中因为模仿他们而变得不懂礼貌。这是孩子的模仿心理特征，他们不知道自己模仿的行为是不是好的、对的，只是觉得有兴趣就模仿。等孩子心理成熟之后，再去改掉这些已经形成的习惯就难了。

## 必要的礼貌常识

想要让孩子讲文明、懂礼貌，父母就应该帮助孩子掌握必要的礼貌常识，主要包括以下两方面的内容：

语言

文明礼貌用语要求不说粗俗的话，日常用语包括"你好""谢谢""对不起""请"等。

行为

文明礼貌行为包括见面或分手时打招呼、握手，与人交谈时眼神、体态和表情要体现出对对方的尊重。

对于孩子礼貌的行为父母要及时鼓励并对孩子加以肯定，对于孩子不礼貌的言行父母要及时批评，使孩子逐渐养成懂礼貌的好习惯。

---

翔宇今年已经8岁了，是个成绩优异的小男孩，经常受到大家的夸奖，爸爸妈妈也觉得十分有面子。爸爸妈妈因为就只有翔宇这么一个孩子，又因为他的学习成绩好，所以，在家里什么事情都依着翔宇，他们宁肯委屈自己，也不委屈孩子。虽然爸爸妈妈有时也觉得翔宇没有礼貌，比如：别人帮了他他也不知道说"谢谢"；跟别的小朋友一块玩的时候，翔宇看到别的小朋友有新的玩具就直接抢过来，抢了就走；吃饭的时候，翔宇也不管有没有别人在场，直接把菜翻得一塌糊涂，只为了挑选自己爱吃的肉；家里如果来了客人，翔宇从来不主动打招呼，有时妈妈让他打招呼，他也会不吭一声自顾自地玩，等等。虽然爸爸妈妈也觉得翔宇这样有些不好，但是又觉得这些都是一些微不足道的小事情，而且翔宇是个男孩子，这样大大咧咧的也没有什么关系。

周末的时候，妈妈带着翔宇去参加一个朋友的婚礼，这次可是让妈妈觉得翔宇没有礼貌是个大问题了，让自己觉得十分尴尬。当时，妈妈正在跟一些朋友聊

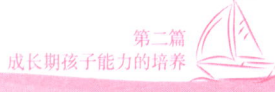

天，翔宇走过来拉着妈妈的胳膊说："我要喝果汁！"妈妈说："乖宝贝，稍等一会儿，我再去给你拿，现在妈妈和阿姨有些事要说。"然后妈妈就回过身去接着和朋友说起话来，翔宇突然大叫道："妈妈，你给我闭嘴！"翔宇的一句话，让妈妈和周围的人都感到十分尴尬。

在吃饭的时候，翔宇还没等大家都上桌，他就一屁股坐到了主要的位置，妈妈赶紧让他换一个位置，他死活不肯，说这是自己挑的。大家也都说小孩子没事的，妈妈只好坐在了翔宇旁边的位置上。等菜一上桌，翔宇就迫不及待地伸出筷子去夹。等到了上龙虾这道菜的时候，因为翔宇爱吃龙虾，所以他就想把整盘都端到自己的面前，就像在家里一样。虽然大家都说"没关系，没关系，小孩子嘛"，但是翔宇的妈妈还是察觉到了别人鄙夷的目光……

很显然，翔宇的表现和父母的日常行为有直接的关系。孩子并不是天生就懂礼貌，而是后天学习的。父母讲礼貌，孩子自然就容易懂礼貌；父母平时都不懂礼貌，却要求孩子讲礼貌，孩子并不会信服。

"父母是孩子的镜子"，孩子不懂礼貌，大多与父母本身不良的行为有关，什么样的父母就会教出什么样的孩子。父母要求孩子懂礼貌，自己首先就要做到礼貌待人。因此，要培养孩子懂礼貌的好习惯，父母应该从自身做起。在一些处事细节上，如何做到合理而不失礼，父母要做最好的示范给孩子看。比如，下班回到家的时候，孩子递过来一杯热茶，父母不要忘记对孩子说一声"谢谢"。这样，在父母帮助孩子后，他也会向父母表达谢意。在与别人交谈的时候，父母也要注意自己的言谈举止，尽量避免粗鲁的行为和不文明的用语，比如，在问路的时候，如果父母是这样问的："喂，老头，到公园怎么走？"那么，以后孩子在问路的时候，也不可能会说："老爷爷，请问一下，到公园该怎么走？"

孔子说："不学礼，无以立。"意思就是说，不懂"礼"、不学"礼"，一个人就不能在社会上立足。因此，孩子从小就要养成讲文明懂礼貌的好习惯。如果孩子没有形成良好的礼貌习惯，就会成为一个不受欢迎的人，会被周围的伙伴

逐渐疏远、孤立，从而造成孩子自私、自卑的心理，这对孩子交友、学习等方面都是不利的，对孩子的心理成长更是不利。因此，父母一定要从自身做起，对孩子进行言传身教，让孩子变成一个讲文明、懂礼貌的好孩子。

### 培养孩子良好的文明习惯

孩子不礼貌待人，做父母的不无责任。父母要养成正确的教子观念，才能培养出讲礼貌的孩子。

**1. 教给孩子一些基本的礼仪**

孩子年龄小不懂礼仪，父母应教给孩子基本的社交礼仪，使其养成良好的行为习惯。

**2. 父母以身作则**

父母平时对别人、对孩子要做到有礼貌，为孩子树立良好的榜样。

**3. 及时纠正孩子不礼貌的言行**

不要等问题多了再去解决，而是应该发现一个解决一个，对孩子不礼貌的行为要及时纠正。

当孩子做出礼貌的行为时，父母要及时做出评价，比如可以用点头、微笑、称赞等方式对孩子加以肯定，从而强化孩子的礼貌行为。

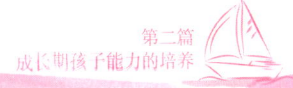

## 社交恐惧症是心理疾病吗

不知道如何处理人际关系是处在青春期的学生中最常见的心理问题，是导致各种神经症状的主要因素，人际交往如果出现障碍，会影响孩子的正常学习和生活。而在青春期这个特殊的生理、心理发育时期，孩子一方面十分渴望获得友谊和建立良好的人际关系，另一方面又有很强的自我意识与独立性。再加上很多孩子往往是第一次离开家，绝大多数时间在学校集体中生活，孩子的心理成熟度比较低，自我调整能力差，以至于使他们形成了一些不正确的认识和观念。所以，孩子很难适应新的人际关系和比较复杂的学校环境，从而导致了他们在人际交往方面出现障碍。

许多处于青春期的孩子都有人际交往障碍，他们心里有很多苦恼："我性格内向，不愿意和别人交往，我自己也挺烦的，怎样才能做一个善于交际的人呢？""我在和别人说话的时候，无论是男生还是女生，我都不敢看着对方的眼睛，手一会儿挠头一会儿揣兜，不知道该怎么办。""我太在乎别人对我的看法，和别人沟通的时候，我都在担心别人会怎么看我，尤其是面对比较重要的人，我还有点自卑。""我觉得我自己心理上有问题，很多时候我很想和别人聊天，但又不知道有什么好聊的，很多时候也很害羞，说话也不敢大声，我感觉自己好胆小好内向。"从孩子们的心声中，我们可以了解到他们中的大多数只是因为性格内向不善于交际，或者是不懂得社交的艺术，从而导致在社交过程中出现不适，而并非他们不愿意和人交往。

心理专家称：在青春期，孩子们很容易患上人际交往障碍，严重的还会发展成为社交恐惧症。在青春期，孩子生理和心理上都会发生急剧的变化，如果他们在这一阶段遇到心理问题，没有解决好，就很可能会影响他们将来的升学、求职、就业、婚姻等一系列社会化进程。

社交恐惧症通常病起于青春期，男女都可能会出现。孩子渴望友谊，希望广交朋友，但是有些孩子一到与他人的具体交往时，如找人交谈或者别人与自己打

交道，就出现了恐惧的反应。表现在他们不敢见人，遇到生人面红耳赤，神经处于一种非常紧张的状态，这就是"社交恐惧症"。它往往会泛化，严重者拒绝与任何人发生社交关系，把自己孤立起来，这对他的日常工作、学习造成极大妨碍。

小志今年13岁了，是一名初中生，小志的爸爸妈妈都是本科毕业，在大型公司工作，平时对小志也并没有太多的管教，由于平时父母都要上班，小志从小就是爷爷奶奶带大的。爷爷奶奶对小志的要求十分严格，希望他将来可以成就一番大的事业。从小的时候开始，小志就非常腼腆，不喜欢说话，家里来客人时，他经常躲着不见。上学这么多年，从来没有见到小志带朋友回家，平常不上学的时候小志就窝在家里看书，几乎不出去玩。

小志现在上的初中是寄宿制学校，自从上了初中以后，小志就开始觉得很多事情不顺利，他很苦恼，常常在家里抱怨，一副不知所措的样子。前不久的时候，小志周五下午放学回到家里，妈妈准备了很多好吃的给他吃，但是小志却有些不对劲，妈妈就耐心询问，小志支支吾吾地说了一点儿，说在学校中一个女生

### 如何预防"社交恐惧症"

有效预防孩子的"社交恐惧症"，可以让孩子正常交际，或者善于交际，让孩子健康成长。

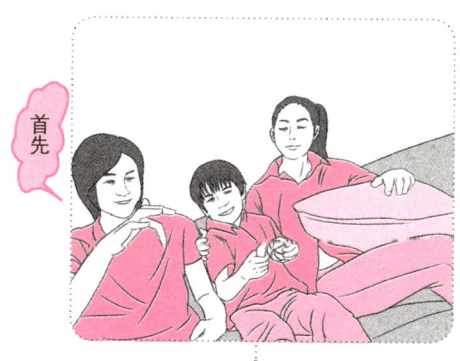

**首先**

为孩子营造一个良好的家庭氛围，不过分溺爱孩子，增强孩子承受挫折的能力，对孩子也不可过分严厉。

**其次**

学校应该对孩子进行引导，比如开设心理学课程，教孩子在遇到问题时该如何处理。

无意中用余光瞄了他一眼,他觉得对方是在警告自己。妈妈问他有没有和那个女生发生矛盾,小志说没有。妈妈就劝他说没关系,可能是那个女生不小心看到了小志。但是从此之后,妈妈就发觉小志变了,小志变得越发不爱说话了,更害怕与人打交道了,尤其是遇到女生的时候,他就会很紧张,注意力无法集中。严重的时候,小志发展到与男生、与老师也不敢有视线接触。他开始常常对妈妈说:"妈妈,我很痛苦,很苦恼,可又不知道该怎么办。"

看到孩子这个样子,爸爸妈妈都有些着急,也很担心。到学校去了解情况之后,父母更是觉得小志可能是心理出了问题。老师说就算是正常上课的时候,小志也不敢抬头看黑板,如果遇到老师的眼神,小志就会很慌张,开始的时候老师还以为他在偷着做小动作,但是老师并没有发现他在做什么,问他的时候,他支支吾吾说自己有些害怕。这严重影响了小志上课的听课效率。在课下的时候,小志都是自己在座位上坐着,不是睡觉就是看书,从来不出去和别人玩,也不跟别人聊天。在班里,小志就像空气一样。

从上面的例子中可以看出,小志这样的情况就属于"社交恐惧症",这样的情况很显然会影响小志的人际关系和学习状况。那么是什么原因造成了孩子的"社交恐惧症"呢?一般来说,"社交恐惧症"是后天形成的一种条件反应,是经过学习过程而建立起来的,通常分为两种情况:一是"直接经验",孩子在与人交往的过程中屡遭挫折、失败,就会形成一种心理上的打击或威胁,在情绪上产生种种不愉快的甚至是痛苦的体验,久而久之,在与人交往时孩子就会不自觉地形成一种紧张、不安、焦急、忧虑、恐惧的情绪状态。这种状态定型下来,形成固定心理结构,于是孩子在以后遇到新的类似刺激情境时,就会旧病复发,心生恐惧感。二是"间接经验",即"社会学习"。如孩子看到别人或听到别人在某种交往情境中遭受挫折、陷入窘境,或受到难堪的讥笑、拒绝,自己就会感到痛苦、羞耻、害怕,甚至通过电影、电视、小说、广播、报刊等途径,孩子也可以学到这种经验。他们会不自觉地依据"间接经验"来预测自己会在特定社交场合遭受令人难堪的对待,于是他们紧张不安,焦虑恐惧。这种情绪状态的泛化,

图解 孩子成长期行为心理学

引发了"社交恐惧症"。

既然"社交恐惧症"对孩子的影响是消极的,那么父母就应该帮助孩子摆脱这种不良情绪状态,让孩子重新学会社交。在一个家庭中,父母要和谐相处,对于社交要有浓厚的兴趣,用自己的社交行为为孩子做出良好的示范。如果父母平日里总是吵架,对孩子的教育意见出现分歧等,那么这些情形都会让孩子感到不安、畏惧,甚至让孩子丧失自信心。因此,父母要做好榜样,彼此和睦,这样,

孩子得了"社交恐惧症"该怎么办

1.积极的自我暗示

孩子要经常对自己说:"我相信自己!"通过积极的心理暗示,逐步改变对自己的否定观念,培养自信心。

2.系统的脱敏训练

把目标分为很多小目标,然后由易到难一项一项完成,逐步锻炼自己的交际能力。

3.阅读伟人日记

用伟人的成长和经历来激励自己,使自己树立起愿意改变的勇气和信心。

当然,如果孩子的症状比较严重,应该尽快就医,只要加以心理治疗和适当的药物治疗,绝大部分"社交恐惧症"患者是可以康复的。

孩子对交际就没有畏惧感了。当然，父母也可以鼓励孩子多与同龄人交往，这样对孩子的身心健康发展有利。孩子在与同龄人交往的过程中，会遵守他们共同的规则，学会了交往，学会了尊重别人的权利。而且，孩子从其中还可以学到如何与人合作，如何交朋友。

另外，心理研究表明，有11%~15%的处于青春期的孩子具有过分害羞的倾向，这对孩子的交往是一个很大的麻烦，父母需要帮助孩子克服这种害羞的心理。一般来说，克服孩子的这种心理，最简单的方法就是让孩子请朋友到家里来做客。比如：在孩子过生日的时候，让孩子自己邀请一些同学来家里，并让孩子亲自招待朋友，陪朋友聊天。父母还可以让孩子多参加一些群体性的活动，这都有利于孩子克服害羞的心理。

当然，孩子毕竟是孩子，尤其是青春期的孩子，在与他人的交往过程中难免会出现一些问题，比如：有些孩子生性骄傲，当别人与他打招呼的时候，他可能会不予理睬；到了一个陌生的环境，由于害羞心理在作怪，孩子会表现得沉默寡言；与其他孩子交往时，由于言语方面的不合，孩子之间会发生矛盾等。这些都是由于孩子没有掌握有效的交流手段，缺乏基本的人际交往经验而造成的。作为父母，要想让孩子进行良好的人际交往，教给孩子基本的交往技能是非常有必要的。

# 第二章 学习能力关乎孩子的未来

## 帮孩子改正做作业爱磨蹭的习惯

常听到孩子的父母说,如果孩子做作业的时候不磨蹭,可能孩子的学习效率会更高一些。其实,不管是孩子还是大人,由于惰性的存在,每个人都会磨蹭,只要人的惰性存在,磨蹭就会永远存在于人的思维和行动之中,而我们所能做的就是把磨蹭的破坏性降到最低。而且,对于13岁前的孩子来说,由于孩子的心理成熟度有限,自身的自控能力还十分薄弱,因此,父母更应该加大力度纠正孩子做事爱磨蹭的坏习惯。

在学习上,孩子常常会为自己的磨蹭找理由,比如孩子会对父母这样说:"现在已经很晚了,我实在是太困了,现在做作业就等于浪费时间,还是等到明天早晨我清醒些再写作业吧。"孩子不仅是在为自己的磨蹭行为找借口,而且他们还不想承认自己的磨蹭行为,也就是说,孩子正在用这些理由来欺骗自己。如果孩子这种自欺欺人的行为成为一种习惯,那么学习计划对于他们来说是不会起到什么作用的。所以,在孩子那种懒惰思想刚刚露头、磨蹭行为刚刚出现时,父母就应该加大力度把孩子这种坏思想、坏习惯消灭在萌芽之中。

除了懒惰之外,孩子写作业的时候磨蹭还有很多原因:有的是因为孩子的学习基础差,有的是因为孩子的时间观念差,有的是因为父母老是管着孩子,写完

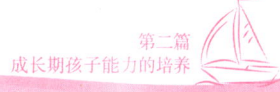

这项作业还有更多的作业，孩子为了不写父母额外布置的作业，就在写老师布置的作业的时候故意磨蹭，把时间消耗掉，这是非常常见的一种原因。这就说明，孩子写作业磨蹭，很多时候是故意的，他们在用这种方式来反抗父母。现在很多父母都抱着望子成龙、望女成凤的心态，生怕自己的孩子会落后于他人，总是想

### 孩子写作业磨蹭的原因

孩子写作业慢，不一定都是因为孩子是"慢性子"，他们的"慢"是有一定的原因的。

赶紧写，争取半个小时写完。

半个小时是多长时间啊？

孩子缺乏时间观念，做事爱磨蹭是因为他们没有紧迫感，时间概念比较模糊。

孩子的注意力很容易受到周围环境的影响，旁边一有什么好玩的事就会使他们忘记自己的任务。

唉，最讨厌写作业了。

如果孩子对做作业不感兴趣，往往也会影响孩子写作业的效率。

父母只有找到了孩子做作业磨蹭的原因，才能帮助孩子改掉做作业磨蹭的坏习惯。

让孩子学习更多的知识，因此在孩子做完老师布置的家庭作业以后，他们还会给孩子再布置一些题目，认为这样孩子会学得更好。这就引起了孩子的反抗心理，13岁之前的孩子还在上小学，爱玩是他们的天性，但是总是在做作业就会让他们没有了玩的时间，但是由于父母的威严，孩子并不敢直接反抗父母，于是他们就在写作业的时候用磨蹭来消耗时间，让父母无法给自己再布置任务。

孩子的反抗心理在七八岁的时候最为强烈，这个年龄的孩子正处于人生中的叛逆期。因为这个时期的孩子心中的自我意识开始发展，他们渴望独立自主，对一些事情有了自己的想法，并初步开始辨别是非，他们想要展示自己的独立和强大，而反抗父母，正是可以展示自己强大的好方法。

妞妞上小学二年级，从开始进入小学之后，妞妞就有做不完的家庭作业，老师布置一份，妈妈还有一份。妞妞的成绩算是不错的，一般都会在班里的前十名，但是妈妈却觉得自己和妞妞的爸爸小时候都学习很好，妞妞应该也可以学得更好，因此，她总是监督妞妞学习，在妞妞写作业的时候也是在一旁看着妞妞。

自从上了二年级下学期之后，妈妈就觉得妞妞的作业似乎特别多，有时候妞妞写到晚上十点还写不完。妞妞每次写作业的时候，不是摸摸尺子，就是玩玩橡皮，要不就拿着笔帽盖上、拔开、盖上、拔开……妞妞玩得乐此不疲。有一天晚上写作业的时候，妞妞又是这样不专心，都过了九点半了，妞妞还在写，为此，妈妈十分着急。照妞妞的这种速度，就是过了十点也写不完作业，那么她的睡眠质量就不能保证，这样肯定会影响她第二天的学习的。

经过妈妈几次严厉的催促，但是妞妞却好像是成心在考验妈妈的耐心一样，仍然是不紧不慢，做做停停，半天也完成不了一道题目。看着妞妞懒散的样子，妈妈怒火中烧，像狮子一样大声冲着妞妞喊起来："你到底要磨蹭到几点？你是故意的，对不对！今天不写完作业，你就别想睡觉！"

看着妈妈那吓人的样子，妞妞"哇"的一生就哭了起来，一边哭一边说："我早做完有什么用，你也不让我玩。"听着妞妞的辩解，妈妈呆呆地站在那里，又伤心，又生气。

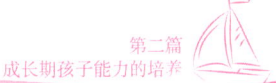

相信妞妞说出了很多孩子的心声，父母不要觉得孩子还小就不懂得找对策，其实孩子远不是我们所看到的那样，在孩子还是婴儿的时候，他们就会"察言观色"了，长大一点学会说话后他们更是懂得做一些让父母表扬自己的事情，到了七八岁以后，孩子的心理已经成熟了不少，对于父母给的任务，他们会想方设法

## 纠正孩子做作业磨蹭的坏习惯

自信心对孩子的性格发展十分重要，那么，父母怎样做才能让孩子学会自我激励，学会肯定自己呢？父母可以尝试一下下面的几种简单可行的办法。

**1.给孩子玩的时间**

适当给孩子留出娱乐的时间，让孩子明白写完作业就可以去玩了，孩子写作业自然就不磨蹭了。

**2.激发孩子的竞争心理**

让孩子和同学一块写作业，看看谁完成得又快又正确，紧张的气氛可以提高孩子的效率。

**3.让孩子尝到磨蹭的后果**

孩子磨蹭的时候父母不提醒、督促，让孩子尝到不完成作业的后果后，孩子自然就会加快速度了。

面对孩子磨磨蹭蹭的行为，父母千万不能不闻不问、掉以轻心，但也不要表现出急躁的情绪，而是应该保持一种平和的心态，用正确的方法引导孩子，帮孩子逐渐养成高效做事的好习惯。

去赖掉。像妞妞在做作业的时候磨磨蹭蹭，其实正是她对父母的一种反抗，她是希望妈妈能够明白，自己如果能早点做完作业，可以有自己玩的时间。因此，当孩子做作业磨磨蹭蹭时，父母千万不能意气用事，一味地责骂，这样只会适得其反。父母要注意总结方式方法，从自身做起，慢慢地纠正孩子做作业磨蹭的坏习惯。

如果孩子磨蹭真的是因为做完之后还有更多的作业在等着他们而故意磨蹭的话，父母可以给孩子留一点属于他们自己的时间。只要孩子保质保量地完成了老师布置的作业，父母就可以将剩下的时间交给孩子自己去安排，让他们做自己喜欢的事情。养成这样的习惯之后，孩子就会抓紧时间完成各项作业，因为早写完就会有更多的时间玩了。久而久之，孩子就会慢慢改掉写作业磨蹭的坏习惯了。

当然，如果孩子对时间没有概念，也可能会造成写作业太慢的问题。解决这个问题的办法只有一个，那就是让孩子自己安排时间表。比如什么时间做作业，什么时间玩，让孩子清清楚楚地写下来。当然，孩子可能由于年龄小，想问题的时候不可能全面，父母可以在孩子订立时间表的时候，提出一些建议，以便时间表能制订得更加科学。

孩子自己制订时间表时，虽然少不了做作业的时间，但是也会有玩的时间，一般来说，孩子都会自觉遵守的。只要孩子能够按照自己制订的时间表行事，慢慢地，孩子做作业磨磨蹭蹭的坏毛病就会逐渐消失了。

## 学会消除孩子的焦虑心理

焦虑是一种伴随着某种不祥的事件即将发生的预感而产生的令人不愉快的情感，严重的焦虑表现为恐惧不安。心理学家曾经做过实验：如果把健康的兔子放在老虎旁边，无论如何照料兔子，兔子在焦虑心理影响下总会在不久即死去，这种焦虑心理被心理学家成为"兔子效应"。

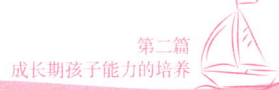

根据一项心理调查显示，目前我国有很大一部分学生存在焦虑心理。就像上面所说的兔子一样，学生的焦虑心理也是来自于伴随着不祥预感而产生的不愉快情感，从而使学生的学习和健康受到严重的负面影响。存在学习焦虑心理的学生，会不同程度地出现烦躁不安、心神不定、心慌头昏等症状，甚至一见到书本、一进教室就会感到头痛心慌。学习焦虑是因为学习而产生的，又反过来直接影响孩子的学习过程和学习成绩。焦虑使得学生害怕和讨厌学习，他们遇到学习上的困难就很容易放弃，因而在学习过程中对知识和学习方法的掌握水平低、不牢固，导致学习成绩逐步下降。不仅如此，学习焦虑还会影响孩子原有的水平的发挥，表现为考试焦虑，孩子每次一遇到考试就会发挥失常。比如一些孩子考试之前异常紧张，吃不好、睡不好，考试的时候大脑一片空白、全身冒汗，会做的题目也做不出，考试成绩自然不好。

在现实生活中，考试焦虑是目前孩子存在的最为普遍的心理问题之一。他们大多会感到不同程度的学习困难，诸如记忆力下降、精神不集中、注意力分散等。有的孩子会出现"记得很熟的知识怎么也想不起来""题目看了很多遍，却不知道是什么意思"等状况。与此同时，孩子身上还会出现一些生理反应，比如容易疲倦、厌食、心跳加速，等等。孩子之所以会出现考试焦虑的症状，大多是由于他们考前准备不足，对自己缺乏信心，以至于考试前紧张，考场发挥失常。

有心理专家认为：那些学习基础比较弱、性格比较内向、学习方法不够灵活的孩子容易产生考试焦虑的问题。他们往往比较敏感、多虑，对自己缺乏信心，很容易产生考试焦虑的症状。根据调查显示：有这种考试焦虑情况的孩子大多数是学习中等生和少数优等生。对于中等生来说，一方面他们担心考不好会沦为后进生、会被人瞧不起而有强烈的学习愿望；另一方面，又因为焦虑心理而无法克服学习困难，完不成学习任务，进而担心自己考不好。另外，对于少数优等生来说，他们过分注重自己的考试成绩，担心自己考不好而影响自己在老师和同学以及父母心中的地位，导致他们对分数患得患失、焦虑不已，就算他们平时的成绩很好，但是在考试前也很容易陷入紧张状态。

## 学习焦虑情绪的分类

一般来说，学习焦虑情绪分为两种，分别是：

1. 性格性焦虑

由于性格中的不良因素导致学生遇到任何事都容易产生焦虑情绪。

2. 情境性暂时焦虑

学生认为很重要的事情即将发生时出现的焦虑，比如开学前、考试前的紧张等。

情境性暂时焦虑是在特定的情境下产生的，会因条件的改变而产生或消失。学生的学习焦虑大多属于第二种情况。

---

张帅刚刚升入初中二年级，是班里的体育委员，别看他热爱体育，但是他的成绩在班里也是不错的，一般考试他都在班里的中游以上。在同学们的眼中，张帅也是一个十分阳光的学生，特别爱笑，也爱开玩笑，对于体育运动十分热爱，每次开运动会，他都是积极参与，每次都能取得不错的成绩。

张帅的妈妈十分了解孩子，妈妈说张帅虽然平时笑嘻嘻的什么都一副无所谓的样子，其实他十分在乎自己在老师和同学们心中的形象，虽然只是体育委员，但是他对自己的成绩十分在乎，不愿意落在后面。因此，每次考试他都会积极备考，就想着能考出一个好的成绩。但是最近几次考试，张帅觉得自己的压力有些大，竟然常常在妈妈面前说"我不想考试，我讨厌考试"这样的话。妈妈还发现张帅在家里根本就看不进书去，总是在房间里走来走去，要不就是拿着书本看一眼再放下，一会儿再看一眼再放下，这样反反复复，也不知道他在想什么。

结果张帅这几次考试的成绩确实也不是很理想，有一些很简单的题目他都做错了。发下试卷来之后张帅自己就后悔不已，觉得自己不应该是这个水平，发誓下次一定要考好。但是，他考试前的反常举动却越来越多，最近的这一次考试之前，张帅竟然整晚都睡不着，吃饭的时候也没食欲，妈妈还以为张帅生病了，但是他也没有发烧，也没有其他不舒服的症状，妈妈真是不知道这孩子到底是怎么了。

后来妈妈听到其他的学生父母说自己的孩子也有这样的状况，是不是心理出现了什么问题啊？妈妈这才把张帅的这些反常行为想通了。于是，妈妈就带着张帅到心理咨询室去咨询，还好张帅的问题不是很严重，经过心理咨询师的开导之后，张帅逐渐就不再害怕考试了。

还好张帅的妈妈及时发现了孩子的焦虑状态，并积极治疗。孩子的考试焦虑是学习焦虑的一种，这种焦虑或多或少都会在孩子之间存在着，只是大家的轻重程度不一而已。究其原因是因为孩子对自己学习现状的不满和不恰当的期望与比较，他们不能接受自己的现状，过分追求完美和注重结果，注重浅层次的攀比，以己之短处比他人之长处，体会不到学习的真正意义。有些孩子因承受不了学习压力，会产生恐惧感、厌学症，出现逃学、装病现象。因此，老师以及父母应该正视学习焦虑给孩子带来的负面影响，努力做好孩子的心理疏导工作、缓解孩子的压力、焦虑，使孩子健康成长。

孩子应该要了解学习是一个过程，知识的积累、能力的提高要有一定的积累过程，从量变到质变，欲速则不达。因此，孩子首先要做好眼前的事，注重学习的过程，不要过分注重结果。要登上高山，最重要的是登好每一级台阶，所以孩子要相信"功到自然成"的道理。另外，在确定自己的奋斗目标的时候，孩子要认真客观地分析自己的学习状况、知识掌握程度、各科的优劣势，在年级、班级所处的位置，根据这一分析，务实地制定一个目标，调整自我期待值，保持一颗平常心。因为每个人的实际情况不同，所以不要去注意别人如何，自己的现在与

自己的过去比有进步即可。

当然,孩子也要适当做些心理训练,掌握一定的调节情绪的方法,使自己能够运用意念控制、调整呼吸等一些方法松弛躯体、调整情绪、转移注意力、提高记忆力、缓解神经过度兴奋,以达到调整心态的目的。

### 缓解孩子的考试焦虑

考试焦虑会影响孩子考试的正常发挥,对孩子以后的升学有很大的影响,所以,在孩子出现考试焦虑的情况时,父母应该及时帮助孩子克服这种心理焦虑。

1. 给孩子积极的暗示

给孩子一些"只要尽力就好"样的积极暗示,缓解孩子的心理压力,使孩子身心得到放松。

2. 降低对孩子的期望

父母的期望过高也会给孩子造成心理压力,因此,父母不妨降低一下自己对孩子的期望值。

3. 教孩子一些缓解压力的方法

比如深呼吸、闭着眼睛想象一些美好的事物等,这样做可以帮助孩子有效缓解压力。

当然,父母也可以帮助孩子制订学习计划,并让计划具有可操作性,每天任务明确,让孩子每天小步伐前进,体验成功感,增强孩子的自信心。

## 跟网络结合，孩子会越来越喜欢学习

如今的时代是信息的时代，网络已经成了人们获取信息和互相交流的重要渠道。但是，我们也都知道网络是一把双刃剑，运用得好，它能给人带来便捷，运用得不好，它会变成魔鬼，让人痴迷甚至陷入难以自拔的深渊之中。所以，要让网络成为孩子的良师益友，就要让孩子在网络中把持住自己。

每一个孩子在初次上网的时候，几乎都会被网络的神秘感吸引。他们小心翼翼地探索着，眼睛里充满了惊奇，内心被信息的大潮激荡着。而父母也应该明白，13岁之前是孩子成长的关键时期，也是孩子好习惯的养成时期。但是这个时期的孩子自控力不足，心理发展不成熟，是非辨别能力较弱，很容易就会迷失自己。因此，孩子的成长是离不开路标的，他们需要父母帮助他们找准方向。可是，在这样一个容易失控的崭新的领域里面，许多父母偏偏放弃了应该对孩子尽的监护和教育的责任，他们为孩子买来了电脑，便让孩子自己去学。不幸的是，许多孩子在网络里成了脱缰的野马，悲剧也因此频频上演。

青少年长期沉溺于上网，会造成角色混乱、道德感弱化、人格的异化、学习成绩的下降以及健康的损害，导致孩子出现心理异常与精神的障碍，还会引发一些社会问题，很多孩子甚至上网成瘾，深陷其中，无法自拔。

网瘾是指孩子对网络有一种莫名的激情，而这种激情到了痴迷的程度。许多网瘾少年表示"虽然我知道经常上网会影响我的学习，但是，我已经离不开网络了，看见电脑，我就会手痒，忍不住想去玩游戏、聊天"，"对网络的迷恋就好像吸毒一样上瘾，戒不掉"。其实，不少网瘾少年也有戒掉网瘾的想法，但是，每每到了关键时刻，他们却按捺不住内心的欲望。

那么，孩子为什么会这么沉迷于网络呢？

处于青春期的孩子，他们的生理、心理尚未发育成熟，面对一些事情，他们虽然已经能够冷静思考，但是，他们的自控力还是远不如成年人的。比如，有网瘾的成年人会想到自己还有工作要做，他们会自觉地关掉电脑。但是孩子就没有

那么强的自控力,在网瘾的折磨下,他们只会弃械投降。

除此之外,许多沉迷于网络的孩子眼中只有网络,他们觉得没有什么东西比网络更有吸引力了,因为只有在网络中,他们才会得到一种心理上的满足感,体会到成就感。其实,这样的孩子可能成绩比较差、人际关系不怎么好、父母也不关心自己,这些挫败感导致了他们甘愿走向虚拟的世界。

心理专家认为:当一个人沉迷于某一件事情而无法自拔的时候,如果这时出现了另一件更有趣的事情,那么,他就会分散注意力。当他开始喜欢上那件更有趣的事情时,他就会脱离之前那件让他沉迷的事情。其实,对于孩子的网瘾问题,父母可以采取一些措施,转移孩子的注意力。

### 如何避免孩子形成网瘾

如果孩子沉迷于网络而不能自拔,就会严重影响孩子的学习,甚至是孩子的心理健康。因此,父母一定要帮助孩子转移注意力,合理使用网络。

**1.挖掘特长,激发潜能**

很多孩子是因为屡遭挫败才将注意力转移到网络上的,父母要善于发现孩子的特长,激发其潜能。

真不错,以后我们去学习钢琴怎么样?

**2.鼓励孩子参加各种活动**

这样可以让孩子放松心情,发现现实中的美好,从而不再沉迷于网络的虚拟世界中。

当然,父母还是应该在孩子接触网络之初就规范孩子的上网行为,让孩子合理使用网络,避免沉迷于其中。

当然，网络也并非只有负面影响，前面我们也已经提到过，网络可以给人们带来很大的便捷。网络对于孩子的学习还是有着积极的影响的。孩子可以利用网络学习更多的知识，了解一些有关现代高科技的知识，还可以开阔视野，促进知识的拓展，弥补一些传统教育不能起到的作用。

今年13岁的小云刚刚上初中一年级，爸爸妈妈觉得小云上初中之后肯定需要查阅大量的资料。小云的爸爸妈妈都在单位上班，没有太多的时间来给小云解答疑惑，而书房的电脑爸爸经常要使用，于是，爸爸就给小云买了一台电脑，安在了小云的房间里。

自从小云有了属于自己的电脑之后特别开心，每天放学回家写完作业就会玩电脑，有时她也会从电脑上查阅一些资料。刚开始的时候，小云对如何运用电脑非常生疏，也不知道该怎么查阅资料。妈妈就找来了很多科学知识的网站，并教给小云如何查询，怎么登录，没几天，小云就运用自如了。不过小云也经常在电脑上玩一些游戏，有一个星期的时间，小云简直迷上了游戏，连作业都不愿意写了，回家就直接玩游戏，晚上很晚才睡觉。妈妈发现之后，觉得这样下去小云的学习一定会受影响，就开始和小云商量，妈妈说小云可以玩游戏，但是必须是在完成作业的情况下，而且每天只能玩40分钟。小云看着妈妈有些生气的样子，只好妥协了。

不过小云还是有些不服气，好几天玩电脑都超出了40分钟。妈妈也知道小云心里有些不服气，就又放宽时间，在周末的时候，妈妈允许小云有两个小时的自由上网时间，可以学习知识，也可以玩游戏，于是母女两人达成共识，小云每天都遵守这个约定。于是，每天小云完成作业就会玩游戏，到了时间就关电脑，有时也会继续开着，但她不是在玩游戏了，而是在查阅一些资料。妈妈也特意找来了一些有趣的网站，有些是跟小云的上课内容无关的，但是对于孩子掌握更多的知识十分有用，小云还从一个科普网站上知道了很多生活中的常识呢。这样，电脑成了小云生活和学习的好伙伴。

经过了一个学期，小云的成绩提高了，懂的知识也更广、更多了，而且她还学会了好几个游戏，学习、娱乐两不耽误。

可见，只要运用得当，网络对于孩子的成长和学习是十分有帮助的，当然，这其中也少不了父母对孩子的监督和引导。很多父母本身并不懂网络知识，因此觉得孩子使用网络是件有害的事情，他们因为担心孩子会形成网瘾，而拒绝让孩子接触网络。其实，网络对孩子有很多的好处：

### 让网络成为孩子的良师益友

让孩子从小学习使用网络已经是大势所趋，那么父母怎么做才能让网络成为孩子的良师益友呢？

1. 与孩子一起学习使用网络

与孩子共同学习不仅便于和孩子沟通，也便于监督孩子使用网络。

看到这里了吗？点一下就进去了。

2. 把电脑放在家里的"公共场所"

把电脑放在客厅、书房等地方，便于对孩子实施指导和监督。

我给你安装了一个软件，这样就可以阻截不健康的网络信息了。

3. 注意网络信息的安全性

孩子并不知道哪些网络信息是不健康的，因此，父母要引导孩子辨别网络信息的优劣，防止孩子受到误导。

当然，父母应该在孩子上网之初，就给孩子定下规矩，引导孩子学会健康上网。

网络信息量很大，信息交流的速度也相当快。孩子可以随时在网络上获得自己需要的信息，浏览来自世界各地的新闻信息，还可以查阅一些书本上没有的知识。这样一个知识量极大的平台，使孩子学习的领域非常宽广，极大地开阔了孩子的视野，给孩子的学习、生活带来了许多便利和乐趣，会让孩子更乐于学习。

网络是一个虚拟的世界，在这个世界中，每一个人都能超越时空，与一些相识或者不相识的人进行交流，谈论一些共同的话题。由于网络的虚拟性，避免了人们在直接交流时带来的摩擦和伤害，它是一个崭新的交流场所。孩子可以借助网络的互动性，通过网上聊天室等方式广交朋友，参加社会问题的讨论。不过，父母还是要帮孩子把把关，毕竟孩子的心理不成熟，很多事情没有办法思虑周全，很容易让不法分子趁机而入。因此，父母要及时关注孩子的动态，避免孩子上当受骗。

总体来说，只要孩子把握得当，网络对于孩子的作用是利大于弊的。只是，父母也不要忽视网络对孩子的消极影响，引导孩子正确使用网络，使网络成为孩子学习上的好帮手，生活中的好伙伴。

## 培养孩子独立思考的能力

爱因斯坦曾经说过："学会独立思考和独立判断比获得知识更为重要。不下决心培养思考习惯的人，将失去生活的最大乐趣。"孩子只有善于独立思考，才会有很强的处理问题的能力，而且才会从生活中收获良多。所谓成功者大多也都具有独特的思想，以及独立思考和判断的能力。所以，对于处于成长关键期和行为习惯培养的关键期的孩子，父母一定要从小培养孩子的独立思考能力，让孩子在学习和生活中表达更多自己的主见。

良好的思维能力胜过掌握更多的知识，因为知识只有在被运用时才是有价值的。最好的办法通常都是通过思考得出来的，思考是一切创造的源泉。

一位心理学工作者去一所学校调查小学生的自主性状况，在被调查的150名学生中，当被问到"在学习和生活中遇到的难题一时解决不了了该怎么办"时，150名学生几乎都是这样回答的：有困难当然是让父母来解决。当被问到"今后准备从事什么样的职业"时，竟也有70%的孩子说要先回家问问父母，自己不知道以后要干什么。独立思考的能力已经是现在很多孩子的综合素质中一个不容忽视的弱项。

孩子在小的时候还没有独立意识，所以自然缺乏独立思考的能力，但是从3岁左右开始孩子逐渐拥有独立意识，到了七八岁的时候，孩子的独立意识进一步发展。在13岁之前，孩子是有一定的独立意识的，他们对于生活和学习中的一些事情，也应该有一定的思考能力，虽然孩子的心理发育不成熟，很多事情靠自己思考可能并无法做到全面、准确，于是，很多父母觉得孩子并没有思考的能力，什么事情都替孩子想好，让孩子按照父母的想法来做事。结果，孩子到了很大了还是什么事情都依赖于父母，自己遇到任何问题都没有想办法解决的习惯，而是回家问父母。这会给孩子以后的学习和生活带来极其不利的影响，因为，父母不可能一辈子都给孩子出谋划策。

许多父母出于对孩子的宠爱，事事都以自己的选择为孩子代劳，导致许多孩子没有独立思考的习惯。这样的孩子不仅依赖性会越来越强，长大之后，他们很可能会因为缺乏独立思考的能力而成为一个优柔寡断、毫无主见的人。独立思考在一个人的成长过程中是一项很重要的能力。孩子独立思考的能力是需要从小就开始培养的。

一天，慧慧的爸爸在一本书上读到了德国数学家高斯的故事。当他读到高斯8岁的时候就发现了著名的数学定理时，感到十分吃惊。这时，还在上小学三年的慧慧恰巧走了过来。他喊住慧慧，说："爸爸考你一个问题好不好？""什么问题？"慧慧歪着脑袋天真地问。"从1到100这100个数相加等于多少？你算给爸爸好吗？"爸爸便把高斯曾经遇到的问题说了出来。

慧慧拿起纸和笔认真地算了起来，算了好一会儿，她有些着急了，说："这

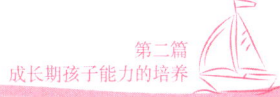

个算起来也太麻烦了吧！"爸爸让她有点耐心，于是慧慧又继续算了起来。

过了很长时间慧慧终于得出结果了："我算出来了，是5050，对吧？"

### 如何培养孩子独立思考的能力

孩子是一个完整的、独立的个体，父母应该允许孩子有自己的世界和自己的空间，有自己独立思考问题的机会。那么，在日常生活中父母具体应该如何做呢？

1. 给孩子自己做主的机会

父母在与孩子的相处和交谈中，要经常和孩子商量，给孩子自己思考的机会，或者让孩子自己做主。

2. 让孩子学会说"不"

鼓励孩子说出自己的不同意见，敢于对别人不合理的要求说"不"。

3. 培养孩子坚忍不拔的意志

孩子遇到困难就退缩，这时就需要父母鼓励孩子多动脑筋，激发他攻克难关的勇气，培养其坚忍不拔的意志。

"嗯,不错,结果非常正确,但是就是用的时间长了一点儿,你能不能想出一个又快又能得出准确结果的好方法呢?"爸爸开始引导慧慧进行思考。

"算数能有什么好方法啊?"慧慧有些好奇地问。

"你来看看,这些数字有没有特别的地方,或者是有什么规律呢?"爸爸一边说着,一边在纸上写:1+100,2+99,3+98……

慧慧拿过爸爸手里的纸,聚精会神地看了起来。过了一会儿,慧慧似乎发现了什么,也拿起笔开始在纸上写了起来,然后,她若有所思地点点头,惊喜地对爸爸说:"我知道了!爸爸我知道了!这有个规律,从1加到100,一共有50个101,正好是5050,对不对?"

"对!你看这样是不是简单多了,还特别省时间?"爸爸笑着对慧慧说。

"是啊,这真是一个好办法,爸爸,你太厉害了!"慧慧以为这是爸爸想出来的好主意呢。

"可不是爸爸厉害,其实这是德国一个8岁的孩子发现的,他的名字叫高斯,他发现这个规律的时候比你还小呢。不过,现在你也发现了,爸爸相信你以后还会有更多更好的发现!"爸爸希望通过这件事情能让慧慧在以后遇到问题的时候更多地去思考。

"嗯,我一定要向他学习,以后我也会发现好的规律的。"慧慧坚定地对爸爸说。

就像慧慧的爸爸一样,父母要善于给孩子提问题,然后通过适当的指导,鼓励孩子通过独立思考得出最后的结论。这样不仅可以让孩子学到许多新的知识,还能培养孩子独立思考的能力和习惯,有助于孩子心理的快速发展。

如果一个人会思考,那么他在做事情、学习上就容易获得成功。所以,父母要给孩子营造一个思考的空间,放开手,让孩子大胆去思考,并认真倾听孩子的想法。父母不要把孩子的一切都安排得十分妥帖周到,要让孩子自己去考虑,这样才有助于培养孩子独立思考的能力。只有学会了独立思考,孩子才能更好地学习和生活。

## 帮孩子克服厌学情绪的办法

在现实生活中，有的孩子一提到上学就会感觉浑身难受，出现肚子疼、出汗、失眠等症状，到医院做检查却发现他们的身体没有问题。这个时候，孩子的这种状况就应该引起父母的注意了：孩子很有可能是得了厌学症。

厌学症是目前孩子在诸多学习心理障碍中面临的比较普遍的问题，是孩子在较为常见的心理疾病之一。从心理学角度来看，厌学症是指孩子消极对待学习活动的行为反应，厌学症主要表现为：孩子对学习存在偏差，情感上消极对待学习，行为上主动远离学习。患有厌学症的孩子往往会对学习失去兴趣，他们没有明确的学习目标，恨读书、恨老师、恨学校，严重者甚至一提到上学就会觉得恶心、头昏、脾气暴躁、歇斯底里。

一般来说，引发孩子厌学症的原因有很多。从主观方面来说，现在的孩子大多为独生子女，他们从小养尊处优，比较懒惰，怕苦怕累，总是觉得学习是一件很苦很累而且十分乏味的事情，一看到书本就头疼，总是想找机会逃避学习，甚至出现逃课、逃学的情况。也有的孩子在学习上付出了很大的努力，但是由于他们学习的方式方法不正确或者不适合自己，因此每次考试的时候成绩却并不理想，他们就会觉得自己并不是学习的材料，于是开始厌倦学习。从客观方面来说，现在的社会正在高速发展，娱乐设施齐全，网吧、电子游戏室等对孩子的吸引力太大，以至于很多孩子逃课去上网玩游戏。也有的父母对孩子的期望过高，总是逼着孩子去学习，不给孩子休息和娱乐的时间，这样造成孩子的负担过重，没有时间放松，使得孩子对学习产生逆反心理和厌倦心理。

初中二年级的康康开学没几天就有些不对劲了，以前的康康学习十分自觉，从来不用爸爸妈妈督促，总是回家就先写作业，有时还会主动学习一些课外的知识，他的成绩也一直不错，虽说不是第一名，但是也是次次都在班级前几名，爸爸妈妈对此也十分知足，并没有要求康康一定要得第一名。

但是前几天放学回家之后，康康的脸色十分难看，而且这几天康康回家也不写作业了，总是一回家就躲进自己的卧室里面，一直到妈妈喊他吃饭他才出来，吃完饭就又回房间了。开始的时候爸爸妈妈也以为是他的作业太多，他在写作业呢，直到有一天晚上妈妈拿着水果进康康的房间，看到康康躺在床上发呆，书包还好好放在桌子上呢。妈妈就随口说了句："发什么呆呀？作业写完了吗？"康康还是在发呆，根本看都不看妈妈一眼，妈妈有些生气了，就走过去掀起盖在康康身上的被子，说："妈妈问你话呢，写完作业了吗？"没想到康康一下就从床上跳起来，十分生气地大声喊："写作业，写作业，整天就知道写作业，我不愿意写作业，我也不想上学了！"妈妈吓了一跳，不知道康康为什么发这么大的脾气，而且康康还说不愿意上学了，这不可能是康康会有的想法啊！爸爸妈妈一直觉得康康成绩好，觉得康康一定不会不愿意上学的。

为了弄清楚原因，妈妈主动给康康的班主任打了电话，希望了解康康在学校的情况。通过班主任，妈妈才知道最近康康在课堂上的表现也十分糟糕，他整天无精打采的，经常在课堂上看漫画书。

了解到这些之后，爸爸妈妈和康康耐心地谈了一下，这才知道原来每次康康考试成绩不错，爸爸妈妈都会非常开心，还经常在亲戚面前表扬康康，这让康康压力十分大，认为只有自己好好学习，成绩好，爸爸妈妈才会开心。可是自从上初二之后，很多时候康康觉得很累，老师讲的课很多时候康康根本消化不了，可是课程又太多，自己根本就没有时间在课下慢慢消化，问题越攒越多，康康干脆就不愿意学了。

相信很多父母都会遇到这样的问题：原先听话、学习不错的孩子忽然就不愿意学习了。其实，从上面的例子中我们也可以看出，孩子之所以不愿意学习大多还是因为他们自身的压力太大，加上课业紧张，结果他们就选择"破罐子破摔"了。有关心理学教育专家也表示：初二的课程比较多，学习内容也相对增加了，孩子学起来难度确实比较大，所以这阶段是产生两极分化的关键阶段。在这一段时间里，学习成绩好的孩子开始显山露水，而学习跟不上的孩子就很容易产生厌学情绪。

就像上面这种学习跟不上而产生厌学情绪的孩子，父母可以利用双休日和寒

暑假的时间，找一位家庭教师给孩子补补课。不过在请老师之前，父母应该有充分的准备，不能让孩子有依赖心理，防止孩子放弃课堂，完全依赖家庭老师的讲解。在帮助孩子克服厌学情绪的过程中，父母应该明白孩子的学习成绩不是一下子就能提上去的，因此对孩子要有耐心，要不怕麻烦反复去说服孩子。父母如果对孩子的信心不足，或者对孩子采取放弃的态度，那孩子就可能真的是破罐子破

### 孩子厌学，父母怎么办

厌学情绪会影响孩子的学习，引发孩子一系列的心理问题，那么，孩子出现厌学情绪，父母应该怎么办呢？

**给孩子创造成功的机会**

成功的体验会增强孩子对学习的信心和动力，可以让孩子做一些简单的题目，让孩子品尝成功后的喜悦。

> 你看，这不是都做对了吗！你表现很好呢。

> 这次考试你紧张吗？我爸妈让我必须考进前十。

> 我没事，我说说我只要努力了就行。

**减轻孩子的心理负担**

这就要求父母要降低对孩子的期望，不要非让孩子考第一，让孩子多一些放松的空间。

**教给孩子学习的方法**

很多孩子厌学是因为他们的学习跟不上，父母可以多辅导孩子，教给孩子正确的学习方法，从而提高孩子的学习能力。

总之，只要父母能够对症下药，耐心细致地做好孩子厌学心理的辅导，调节孩子的心理状态，排除孩子的心理障碍，这样就可以有效消除孩子的厌学心理了。

摔了。对厌学的孩子，父母切不可"批"字当头，"罚"字当头。父母要实事求是地看到孩子的优点和微小的进步，及时给孩子以肯定，使孩子有成功的感受，从而逐步提高孩子的自信心，让孩子由"厌学"变成"喜学"，这样孩子的厌学问题就可以得到解决了。

## 缓解孩子的学习压力

　　孩子本应该是无忧无虑的，但是孩子真的就一点儿压力都没有吗？不是的，孩子是有压力的，尤其是在孩子上学之后，那些学习成绩不好的孩子，他们会面临着来自各个方面的压力。但是很多父母并不能看到压在孩子身上的这种沉重的压力，甚至有很多父母会认为，孩子只有紧张，紧张，再紧张，这样才能激发潜能，跟上大家学习的步伐。这也就是大多数人会有的"有了压力，才会有动力"的观念，殊不知，如果孩子的生活学习中充满了压力，他们就会逐渐丢失自我，甚至出现心理问题。

　　孩子心里产生的压力将直接影响孩子的学习成绩。很多厌学和逃学的孩子一般都是因为自身压力过大而学习又跟不上，经常受到老师的批评、父母的责怪以及同学的轻视。面对这几方面的压力，很多孩子索性选择破罐子破摔，这也就出现了所谓的逃课现象。

　　所以，作为孩子的父母，我们应该要看到孩子的学习压力，要主动帮孩子减压，这样就不会使孩子彻底瘫倒在压力的泥潭中。孩子大都是带着压力来学习的，当孩子的压力达到一定程度的时候，父母就必须及时地去帮孩子排解，不然，孩子就会因为心里承受不起压力而产生厌学情绪，以至于孩子出现逃学的行为。所以，父母要及时了解孩子的压力，学会给孩子减压。

　　然而，从本书前面的内容我们也可以知道，在孩子上学之后，孩子的心理已经逐渐发展，自我意识进一步加强，开始看重自己的自尊心。因此，父母想要给孩子减压，首先面临的问题就是如何才能即达到给孩子缓解压力的目的，又能保护好孩子的自尊心。现在有些父母见不得孩子有一点点的错，一旦孩子犯错就会使劲批评孩子，恨不能批评得孩子抬不起头来。要知道父母给孩子多一分尊重，孩子就会多一分自尊，多一分快乐。遇到问题的时候，父母要孩子有一个心理准备的时间和心理缓冲的过程。孩子有错的时候父母不要一味地批评，父母应该要引导孩子学会自我反思，让孩子明白看待问题的时候不能片面，应该一分为二地

### 孩子学习压力的来源

孩子如果有一定的学习压力，就会更积极主动地去学习，但是如果孩子的压力过大话，孩子可能就会因为承受不住而出现很多问题。一般来说，孩子的压力来自几个方面：

1. 家人的期望

家人一般都会对孩子有所期望，但是如果孩子满足不了他们的期望的时候，这种期望就会变成孩子的压力。

2. 来自老师

成绩差的孩子，老师对他的要求或者放弃的态度都会给孩子造成心理压力。

3. 来自同学

孩子成绩差，同学之间如果有人看不起他，就会给孩子造成很大的失败感和压力。

当然，还有一些不可预见的、突如其来的压力，比如说老师的责罚，或者在学习任务面前束手无策等，这些都有可能会给孩子造成一定的心理压力。

看问题。父母要明白,孩子虽然年龄小,但是也是一个独立的个体,在人格上和父母等成年人是平等的。

另外,给孩子释压时还有一点非常重要,那就是父母要降低自己的期望值。现在的家庭中,一般都只有一个孩子,孩子从小就在父母的期望中长大,而中国父母有一个共同的特点就是:很喜欢为孩子牺牲。为了孩子妈妈放弃了工作,爸爸放弃了外出派遣的机会等,这就让父母对孩子的期望更高了一点儿,他们希望自己的付出能够有所回报,而最好的回报就是孩子的成功。另外就是很多父母会把自己的梦想加注在孩子的身上,自己当年没有实现的愿望,希望孩子可以做到。因此,孩子的身上背负了太多的父母的期望。然而,不可能每一个孩子都能考上北大、清华,也不是每一个孩子都能成为出类拔萃的精英。父母在看待孩子成长的问题的时候应该客观一点儿,应该尊重孩子本身的兴趣,让孩子能够正直、健康地长大才是最重要的事情。

---

小健是一名初中生,平时是个十分文静乖巧的孩子,爸爸妈妈对这个孩子的期望也非常高,希望他能出人头地,于是对他的要求也就严厉了很多。每天妈妈都会检查他的功课,除了学校布置的作业之外,他还要完成很多爸爸妈妈给自己布置的任务。所以,每天他几乎把所有的清醒时间都用来学习了。到了周末的时候,他还要参加好几个辅导班,一般周末只有半天的时间属于自己,可是即使在这半天之中,他还要完成学校老师布置的作业,也可以说,他完全没有自己的时间。不过小健的成绩确实非常不错,几乎每次考试都是第一名,如果不是第一名,爸爸妈妈就会批评他,给他布置的作业也就更多了。所以,小健感觉自己每时每刻都在学习。

看到身边的同学每天开心地谈天说地,小健非常羡慕,可是因为自己总是有做不完的事情,根本就没有时间和同学们玩。大家也都觉得小健成绩好,但却整天不说话,有点儿自傲的样子。其实小健只是不知道该怎么和大家聊天而已,所以,他在班里连个朋友也没有,这让小健十分痛苦。

在寒假之前的期末考试中,小健的成绩没有考到第一名,只比第一名少了

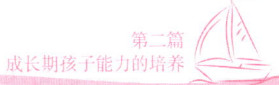

0.5分,但是即使这样,来开家长会的爸爸还是不开心,从学校回来之后爸爸就一直阴着脸。小健知道自己又让爸爸妈妈失望了,所以也不敢吱声。不过从这天开始,小健每天晚上10点之前就没办法睡觉了,爸爸找了很多的练习题给他做,

### 缓解孩子心理压力的方法

一些心理学专家认为,在考试制度和评价体系没有得到改变之前,孩子所面临的学习压力是不可能消失的,父母能做的就是尽量缓解孩子的心理压力。

**首先**

看看这是什么?你最爱的电影票!

真的?谢谢爸爸!你对我真好!

**1.多关注孩子的内心世界**
父母不要只是关注孩子的学习成绩,而是应该对孩子的生活以及精神需求多关心。

**其次**

对不起,我没有考好。

这有什么,没有人能保证每次都能考好的啊。

**2.降低对孩子的学习要求**
不要非要求让孩子考第一名才行,而是只要孩子尽力了就应该表扬孩子。

**最后**

对了,这样发泄出来心情就好了。

**3.教给孩子排解压力的方法**
当孩子压力过大的时候,父母可以教孩子通过运动发泄或者写日记发泄等方式排解压力。

图解 孩子成长期行为心理学

还给他报了寒假补习班。每天小健都很忙,就算是除夕的时候爸爸也不允许他放松,还是让他先完成任务才能玩。这样的生活压得小健喘不过气来,终于在春节过后的第五天,才刚刚13岁的小健从自家的窗户跳下,当场身亡。

案例中,由于父母不关心孩子存在的心理压力,导致正拥有大好时光的孩子,选择了用跳楼结束自己的生命。也许直到这个时候,小健的父母才会明白,考试第一不是最重要的,孩子的生命才是最重要的,但是等到孩子没了父母才想明白又有什么用呢?其实,我们经常会在报刊、媒体上看到青少年自杀的报道,在他们用自己的生命为代价给我们的教育敲响警钟的时候,作为孩子的父母是不是应该有所觉醒呢?对于身心都处于发展阶段的孩子来说,沉重的学习压力,是他们难以承受的,于是有的孩子选择了逃避,有的孩子却在痛苦中继续承受着。由此可见,减轻孩子的学习负担,减轻孩子的心理压力,这是关系到孩子的学习和身心健康成长的重要因素,父母应该认真对待,及时关注和引导孩子。

当然,给孩子减压不只是父母的责任,孩子的学习压力也并不全都是父母给的,也有的压力是学校老师给的。因此,给孩子减压是社会、学校和家庭共同的责任。当然,在为孩子减压的过程中父母起的作用最大。学生和老师之间总会产生一些矛盾,这很正常,关键是父母要及时与老师沟通,弄清楚矛盾的原因所在,并及时化解矛盾。孩子一般都不愿意和父母讲自己在学校的情况,老师也没有太多的机会能够及时与孩子的父母沟通,父母又没有察觉到孩子的心理变化,从几个方面一耽搁,父母帮孩子减压的工作就会贻误了。所以,父母在平时还是需要多观察孩子,了解孩子的心理变化,并及时与老师联系,起到沟通和桥梁的作用。

只要孩子的压力减小以后,孩子的心态就会和从前大不一样,孩子就会多一份自信,孩子在学习的道路上就跑得更快了。

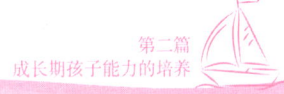

# 第三篇 父母也有"成长的烦恼"

# 第一章 不要踏进孩子的心理雷区

## 孩子进孩子房间要先敲门

许多父母在进孩子房间之前都没有敲门的习惯,他们认为儿女在自己的眼中永远都是个小孩子,儿女的房间里没有什么自己不能看的。有的父母甚至觉得自己的孩子一旦关上房门就是在里面做坏事,或背着自己搞秘密活动,父母的好奇心和担心共同起作用,导致父母不但在进孩子的房间之前不敲门,而且还禁止孩子关上房门,有的父母还喜欢时不时跑到孩子的房间,看看孩子在干什么,他们却不知道自己这样的做法可能会让孩子非常反感,让孩子认为父母不信任自己,自己一点儿空间都没有。

父母应该要了解孩子的心理特点,在孩子逐渐长大之后,孩子也逐渐有了自我意识,也懂得了自己有隐私权,孩子有很多的秘密并不想让父母知道,如果父母偷窥孩子的一举一动,或无视孩子的感受直接进入孩子的领地,孩子就会有一种被侵犯的感觉,从而破坏父母与孩子的关系。这都源自于父母不把孩子当作平等的人来看待,孩子也有属于自己的空间,也希望自己能够被父母平等对待。但是中国的教育总是习惯于将辈分放在最前面,导致现在孩子的房间越来越大,但是心灵空间却越来越小。父母习惯于干涉孩子的行为,总觉得自己有权力替孩子做决定,有权力了解孩子的一切,却根本不管自己了解孩子的方式孩子是否喜欢。

父母为了知道孩子内心的小秘密，经常从孩子的门缝中偷窥，或偷看孩子的日记，或在进入孩子的房间的时候从来不打招呼，这都会让孩子觉得自己没有受到应有的尊重，孩子会认为父母把自己当作附属品，总想着监督自己的行为，完全无视自己感受。例如，有的男孩在换衣服的时候可能不想让妈妈看到，但是有的妈妈却对这一点毫不避讳，她们在孩子换衣服的时候进入孩子的房间，甚至教育孩子："你看看你，怎么还是这么瘦啊！再不好好吃饭就皮包骨头了。"

从妈妈的话中我们明显可以看出，妈妈是出于关心孩子才这样说的。但是妈妈们却没有注意到，当孩子逐渐长大以后，他们的心理逐渐成熟，他们已经不是那个随随便便就在妈妈面前换衣服的小孩子了，孩子逐渐有了自我意识和性别意识，不想在异性面前暴露自己的身体，即便是自己的妈妈也不可以，所以妈妈的关心只会让孩子更加尴尬而已。当然，爸爸和女儿更是如此，当女孩逐渐长大之后，爸爸应该学会尊重女儿的隐私，不要随便进出女儿的房间，如果爸爸要进入的话应该事先敲门，等到女儿允许之后再进入。

---

娇娇今年13岁了，看上去已经是个小少女了，个子长高了不少，身体也开始发育，但是原本开朗的她最近却没有了笑容，整天都不高兴。爸爸妈妈也发现了她的不对劲，可是每次问她的时候，娇娇都只会说："还不是因为你们！"说完这句话就回自己的房间了，却不说明白到底是因为爸爸妈妈做的什么事情。

其实，娇娇反感的是爸爸妈妈每次都自由进出她的房间，从来不打招呼，娇娇感觉自己这么大了，爸爸妈妈却不尊重自己。有一次，娇娇在房间里写作业，因为外面有客人，娇娇觉得客人会打扰自己，而且客人还带着小孩子，小孩子总是到处乱跑，娇娇就关上自己房间的门，并锁上了门，怕客人带来的那个孩子进到自己房间打扰自己写作业。但是等客人走后，娇娇没想到爸爸直接拿着钥匙就打开了她的房门，爸爸猛地推开门，好像是想知道娇娇在偷偷地干什么似的，其实娇娇只是在写作业。

后来，娇娇反而经常有意识地想关上房门，但自己也没有偷着在房间干什么，就是看看书，玩玩电脑，但是她就是不想让爸爸妈妈看到。但有好几次，爸爸或者

图解 孩子成长期行为心理学

妈妈都是猛地推开娇娇的房门,有时妈妈还会要求她不准关门,娇娇只好把房门留下一条缝。结果有一次妈妈悄无声息地就出现在了娇娇的身后,问娇娇在干什么,吓了娇娇一跳。娇娇实在想不通,自己的爸爸妈妈为什么对她这么好奇,总是想要观察她呢?

更可气的是有一天周末的早晨,娇娇正在睡觉,还没起床呢,妈妈就带着几个邻居家的阿姨走进她的卧室参观她的窗帘,大家一边讨论窗帘,一边扫视着娇娇的房间,有的阿姨还和娇娇打招呼。"妈妈你真的是太不尊重我了。"娇娇在客人们走后对着妈妈大喊,"我都还没有起床,你怎么就带着别人进我的房间呢?""这些阿姨都是你的长辈你怕什么啊?"妈妈根本不觉得在未经娇娇同意的情况下自己带人进入娇娇的房间有什么不妥。

从上面的例子可以看出,其实孩子把自己关在房间里根本就没在干什么坏事,只是因为他们到了青春期,心理开始发生变化,自我意识增强,不愿意再像小时候一样对外人完全开放自己的领地。但是,只要孩子把自己关在房间里,很多父母就会认为孩子背着自己在干坏事呢,于是父母想方设法地想要进入孩子的房间一探究竟。

父母或许总是觉得自己的孩子还小,他们偷窥孩子一下也没有什么关系,但是孩子也是有自己的思想的,也是有自己的隐私的。再者说,孩子到了青春期,原本心理和性情就会发生很大的变化,而这个时期的孩子正处于一个叛逆期,往往处处与父母对着干,就算是什么也没干,他们也不愿意让父母看到自己的举动。而且孩子长大后,有很多事情自己会思考,他们也需要独处的时间,独立而又封闭的空间会让孩子在心理上得到一种安静的满足感,这个时候父母如果打破了孩子的这份安静的满足感,这会让孩子十分反感,反而不利于亲子关系的和谐。

当然,孩子的心理发展还不成熟,独立意识虽然有利于孩子的成长,但是孩子自己可能还不能很好地培养自己的独立意识,这就需要父母循序渐进、潜移默

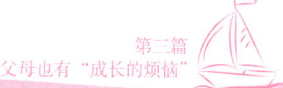

化地帮助培养孩子的独立意识，并尊重孩子的隐私权，要将孩子看成是平等的人来予以尊重，这对亲子关系的建立和维护是非常重要的，所以，做父母的应该要学会尊重孩子，让孩子拥有自己的独立空间。

### 如何培养孩子的独立意识

父母应该在孩子小的时候就开始尊重孩子的独立人格，并有意识地培养孩子作为一个独立个体的能力。

从孩子记事开始，父母就可以有意识地在进入他的独立领地之前发出响声，提醒孩子自己的出现。

（宝贝，妈妈要进来了哦。）

（你已经长大了，回自己的房间应该关上门了，对不对？）

（开着也没事啊。）

等孩子大一点，父母可以提醒孩子把门关上，并告诉孩子这样做的原因。孩子如果认为不必关门，可以暂时不关，但父母进门前还是要敲门。

（爸爸方便进去吗？）

如果孩子主动要求关门，说明孩子已经有了独立意识，父母在进门前就应该敲门以征得孩子的同意。

同时父母也可以要求孩子进入父母、长辈的房间前要敲门，若父母也尊重孩子的隐私，想必孩子也不会抗拒父母这样的要求。

图解 孩子成长期行为心理学

## 每个孩子都讨厌父母的唠叨

天下没有不爱自己孩子的父母,但是,几乎每一个做父母的都避免不了做一件让孩子十分厌烦的事情,就是"唠叨"。"作业做完了吗?赶紧写作业去!""还看什么电视,赶紧吃饭。""外面风这么大,你不多穿点会感冒的。""路上车多,骑自行车的时候要多看着点儿路。""在学校的时候要好好听讲,别开小差。"我们几乎每天都能听到父母对孩子这样的关心和嘱咐。

但是,孩子们会领情吗?恐怕不会,孩子对父母的这些唠叨往往都是声声埋怨。"我知道了,你烦不烦啊!""知道了,真烦人。""我又不是小孩子了,你能不说了吗?"在现实生活中,很多孩子对父母的唠叨感到不胜其烦。在一项关于"你最讨厌爸爸妈妈哪些行为"的调查中,有33.8%的孩子认为自己的父母经常小题大做、爱唠叨。

父母之所以爱唠叨,是因为孩子小的时候心理不成熟,很多事情没有办法自己做好,因此父母总是担心孩子会出错,就会时刻提醒孩子。等孩子长大之后,他们已经可以独立做事了,也有了自己的思想。但是,在父母眼中,孩子永远是孩子,父母已经习惯了唠叨,所以,孩子就会十分反感父母的唠叨。于是,孩子很容易就会产生自我保护式的逆反心理,他们消极对抗、沉默不语,或者干脆与父母针锋相对。父母反复唠叨会伤害孩子的自主性和自尊心,还会直接打压孩子日益增长的成人感。

在心理学上,有这样一种被称为"超限效应"的现象,指的是人体在接受某种刺激过多的时候,会出现自然的逃避倾向。也就是说,一个人在受到外界刺激过多、过强或作用时间过久的情况下,他就会极不耐烦或产生逆反情绪。"超限效应"在家庭教育中时常发生,比如孩子要上学,外面下雨了,父母就会反复提醒孩子要多穿衣服、要带伞,他们从早上起床的时候就开始说,孩子吃饭的时候还说,等孩子出门的时候还说。这就会让孩子觉得大人非常啰唆。实际上,父母过分的叮咛,不但不能起到预期的效果,反而会让孩子产生"超限效应",让孩子感到腻

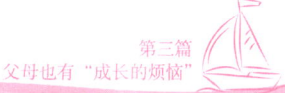

烦，或者孩子因为唠叨听得太多，人已经麻木。

美国的心理学研究显示：如果父母对孩子房间的卫生状况总是喋喋不休、唠叨不停，孩子可能会反其道而行之，甚至让房间的卫生状况变得更差。因此，父母在教育孩子的时候一定要注意"度"的把握，要采用合理的教育方法，否则父母会因为过于唠叨而招致孩子的怒气，这样反而达不到应有的教育效果。

## 父母如何减少唠叨

没有人喜欢听唠叨，尤其是自认为已经长大的孩子。所以，想要教育好孩子，父母应该想办法减少自己的唠叨。

**首先**

妈妈你知道吗？我们学校今天……我觉得应该……

和孩子交流的时候，多听听孩子的想法，别总是强调自己的想法，不要将自己的意见强加给孩子。

**其次**

你都说几遍了，烦不烦啊！

吃完再走啊，你不要忘了系上扣子啊……

说话要言简意赅，不要总是重复说一些没有意义和价值的话。

**最后**

菜在冰箱里，一定要热一热再吃。

当你想要唠叨的时候，不妨把想说的话写在纸条上，有的时候写在纸条上比当面说更容易让孩子接受。

当然，在平时父母可以把唠叨改为夸奖，多夸奖孩子，这更有利于孩子的健康成长，而且也不会因为父母过于唠叨而破坏亲子关系。

陈磊原本是个十分听话的孩子,妈妈对陈磊的照顾可以说是事无巨细,凡事都要一一嘱咐,生怕陈磊会做不好。在小的时候,陈磊都是按照妈妈说的去做,但是随着年龄的增长,陈磊觉得自己已经长成大人了,很多事情根本就不用爸爸妈妈来嘱咐自己了,可是爸爸妈妈还是把自己当成小孩一样去对待,尤其是妈妈。

每天一大早,他们就开始唠叨:"都什么时候了,快点起床,再不起床就要迟到了。"可是陈磊自己心里有数啊,而且他也定着闹钟呢,到点了他自然会起来,根本就不需要爸爸妈妈提醒自己。好不容易起来了,到吃早饭的时候,妈妈又开始说:"时间不早了,快点吃,再慢吞吞就赶不上上课了。"陈磊忍不住抱怨:"你不是说吃饭要细嚼慢咽的吗?"妈妈瞪他一眼说:"还顶嘴,赶紧吃,谁让你不早起来的!"等陈磊走的时候妈妈还要唠叨:"多带件衣服,等冷的时候穿,热了就脱下来。对了,你的课本都带上了吗?作业有没有落下啊……"终于走出家门后,陈磊深深地吐了一口气。

到晚上回家的时候,陈磊想看看自己喜欢的电视节目,妈妈又在耳边说:"还看电视!作业写完了吗?不用复习吗?"可是陈磊明明刚打开电视啊。有时候他回家晚了,妈妈也会说:"怎么回来这么晚?在外面没有惹事吧?以后一个人不要到处乱跑,多危险啊。"妈妈完全就是把陈磊当成一个不懂事的小孩子来看,可是陈磊明明已经快13岁了,已经是个中学生了。妈妈这样唠叨个没完,陈磊觉得烦透了,但是碍于唠叨的人是自己的妈妈,自己也不好公然顶撞就是了。

有一次,陈磊考试的成绩不是很理想,在学校里,老师已经批评他了,这让陈磊觉得十分难过。可是一回到家,爸爸妈妈又开始唠叨个没完:"这次怎么考得这么差?上课的时候都听什么了?你是不是最近有什么心事啊?学习一定要用心才行,要知道'少壮不努力,老大徒伤悲'啊"。现在好好学习,你将来才不会后悔,要不以后后悔也晚了……"听到爸爸妈妈唠叨个没完,陈磊实在是受不了了,于是他不顾一切地喊道:"你们怎么这么烦,不就一次没有考好吗!至于唠叨成这样吗?"说完之后陈磊就马上跑回自己的房间,"砰"的一声把门给关上了。

可见父母的唠叨的确会影响亲子关系,很多孩子都像陈磊一样,开始的时候

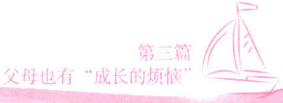

可能还会忍受父母的唠叨，但是内心已经十分厌烦了，但如果父母长此以往下去，终有一天孩子会爆发的，到时候再来关注亲子关系就有点晚了。所以，如果父母想要让孩子不厌烦自己，就要努力克服自己唠叨的习惯。父母应该要了解孩子的心理特点，每一个时期的孩子都有一定的心理特点和心理需求，父母应该据

## 多给孩子一些决策空间

对于青春期的孩子来说，他们已经有了独立决策的能力了，因此，父母不妨做出以下一些改变：

1. 尽量让孩子自己做决策，甚至可以为孩子制造一些自主决策的机会，锻炼孩子的决策能力。

2. 给孩子一定的权利，让他对自己做的决定负责任。比如他的房间可以归他自己管理，父母只有建议权，孩子有决定权。

3. 等孩子向父母伸手、希望获得帮助的时候再出手，不要在旁边一直唠叨，而应该默默支持。

如果父母能做到以上几点，必然会减少很多不必要的唠叨，这样孩子既能不用再忍受父母的唠叨，还能锻炼自己的能力。

此来对待孩子。比如孩子在很小的时候，什么也不会做，也没有独立意识，这个时候往往是父母说什么孩子就会做什么。但是等到孩子逐渐长大之后，他们就有了独立意识，父母就应该把孩子当成大人一样对待，孩子自己的事情就让孩子自己做决定。比如今天要不要穿厚衣服，就让孩子自己决定，如果他不穿而天气又实在太冷，父母也不要担心，不妨就让孩子承担一次自己决策失误的后果，这样下次他就会懂得该做什么样的决定了。这样不但省去了父母的唠叨，不会让孩子心生厌烦，而且还逐步锻炼了孩子的决策能力。

其实，作为父母，当然应该给孩子一定的建议，但是只需要建议就好，而且千万记住再一再二不能再三，就是说父母给孩子建议的时候说一次两次就可以了，千万不要再说第三次了。因为孩子讨厌听到不断重复的话，而且只要父母确定孩子听到自己所说的话了就够了，如果孩子愿意，你只需要说一遍他就会采纳，如果孩子不愿意接受你的建议，你就算说再多次效果也是一样的，孩子并不会因为你唠叨的次数多就更听话，有时可能会适得其反。

所以，父母应该多聆听孩子的想法，用心去感受孩子成长中的变化，父母应该合理引导孩子，而不是把自己的想法强加给孩子。好的教育是让你的教育方式适应孩子，而不是让孩子适应你的教育方式。

## 孩子想和朋友在房间自己玩

由于现在的孩子都是家里的宝贝，父母把他们捧在手里怕掉了，含在嘴里怕化了，生怕孩子出现一点危险。因此，多数情况下，孩子在玩耍的时候，父母都会在一边看着，不允许孩子自己关起房门来玩耍，就算孩子到了青春期，父母仍然要求孩子开着门，不允许他们独自关着门在房间里，就怕他们干一些不好的或者危险的事情，父母对待孩子就像对待瓷娃娃一样小心翼翼，以为这样就可以把孩子完全保护起来，让孩子不受一点儿伤害。

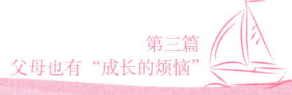

然而，随着年龄的增长，孩子逐渐有了自己的想法。有的时候，孩子并不喜欢自己的父母看着自己玩耍，于是很多父母会碰到这种情况：家里来了小朋友，孩子就拉着小朋友的手到房间里面玩，他不允许父母跟着，甚至还要关起门来，不让父母看到自己在玩什么。于是，很多父母就会担心，他们想方设法想要进入孩子的这个空间，这样做却往往会惹怒孩子，不仅孩子没有玩好，大人还会因为孩子不允许自己进去而有些伤心，同时也会为孩子的不懂事生气。

而著名教育家蒙台梭利将孩子的心理比喻为心灵胚胎，她认为人们面临的一个最大的问题就是他们没有充分认识到孩子自身拥有一种积极的精神生活。虽然孩子在年龄很小的时候没有表现出来这一积极的精神生活，但是这并不代表孩子没有，这种精神生活是一直存在的，不管是年龄大的孩子还是年龄小的孩子。只不过孩子需要相当长的时间来逐步完善这种精神生活，而在这个过程中，孩子需要成长的独立的空间。父母过分地关心孩子，总是不允许孩子离开自己的视线，这就会打破孩子的独立空间，让孩子没有办法完善这种精神生活，从而让孩子的心理发展过程受到影响。

因此，想要让孩子更好地成长，父母就应该尊重孩子的心理需求，不要过分地干预和压抑孩子，要让孩子根据自己的心理需求以及自己的兴趣来玩耍和学习，给他们足够的空间和机会，让他们自己去观察和模仿。有的父母会担心孩子和朋友单独在房间玩耍会有安全隐患，比如小朋友之间可能会闹矛盾、会打架、吞食玩具，等等。对此父母可以事先给孩子讲清楚，对于年龄确实太小的孩子，父母可以进行一定程度的看护，但是对于已经具备分辨力和行动力的孩子来说，父母不妨让他们自己独处。

在国外有一种教育方法，能培养孩子们的空间感和独立意识。就是孩子在幼儿园的时候，老师会让孩子们伸出双臂，将手臂伸展到最大限度，然后转一圈，以不碰触到其他的小朋友的手为界限，双手上下左右移动再转一圈，感到自己身处一个很舒服的泡泡里面，这就是属于孩子自己的个人空间。孩子们在做游戏和做其他动作时，尽量保持不要打扰和破坏别人的"泡泡空间"。孩子和孩子之间是这样，孩

子和父母之间也是，每个人都应有自己的独立空间，父母要学会放手让孩子独处或者和其他的小朋友独自玩耍，而不必时时刻刻盯着孩子，这样不仅大人会累，孩子也会不耐烦的。

### 让孩子和朋友独处的好处

很多父母担心孩子单独和小朋友在房间里，没有大人陪同可能会出现一些危险，其实，没有大人在，孩子们独自相处也是有很多好处的：

**首先**

没有父母的陪同，孩子们可以玩得更加放松和自在，不必受到父母的约束。

**其次**

好吧，我不太会，你来教我学着。

要不我来安吧。

独处时遇到困难，孩子就会学着自己解决问题，或和小伙伴合作克服困难，这样可以培养孩子的交往能力和团队合作精神。

**最后**

妈妈，我要去喊小刚一块上学。

孩子的朋友一般都是与他年龄相仿的人，他们之间不但更有共同语言，而且容易建立更加紧密的关系。

当然，孩子和自己的好朋友在一起，孩子们可以互相学习彼此的优点和长处，这些对于孩子的成长都是非常重要且意义深远的。

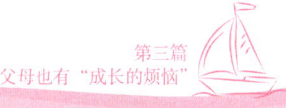

可莹今年已经8岁了，是个个性十分开朗的小女孩，她非常喜欢和小朋友们一块玩，放学回到家只要写完作业，可莹就跑得没有影儿了，有的时候妈妈做完晚饭喊她吃饭都不知道去哪里找她。在这个小区里面，几乎每一个和她差不多大的孩子可莹都认识，可莹从小就爱和他们玩，不管是男孩还是女孩，大家也都爱跟可莹一块玩，可莹上幼儿园的时候也交到了很多小伙伴。可莹现在上小学二年级了，她认识的朋友就更多了，有很多都不是这个小区的孩子呢，不过爸爸妈妈不允许可莹自己跑到别的小区去玩，所以她只能找自己小区的孩子们玩了。

不过可莹总是这样疯玩，让妈妈很是担心，有好几次可莹出去玩，回来之后妈妈就发现可莹因为和别的小朋友打架受伤了，有一次她还让人把脸抓破了，有一次她摔跤把裤子弄破了，还有一次她拿着蛋糕出去吃，结果被人撞倒之后抹了一身回来了……所以，妈妈还是不喜欢她自己出去玩的。但是可莹天生就是闲不住，就是爱玩的性格，要她在家里一会儿也待不住的。没办法，妈妈就对可莹建议，允许她把自己的好朋友约到家里来玩，这样妈妈在家就可以看着她们，不用担心可莹会受伤了。

听到可以约朋友来家里，可莹十分开心了，当天下午就带着两个十分可爱的小女孩回家了。回家之后可莹就带着人家到了她自己的房间里面，还对妈妈提出了一个要求，那就是她们要自己玩，不需要妈妈看着，也不允许妈妈进去打扰她们。听到她们在房间里玩得还挺开心的，妈妈也就放心了。不过，妈妈也觉得可莹这是故意不让她参与，难免有些伤心起来。而且妈妈也担心她们玩一会儿会不会吵架，或者房间里有那么多东西，会不会有什么危险物品呢？看不到房间里面的情况，妈妈也是干着急啊！

相信很多父母都会遇到孩子这样的要求，对于孩子这样的要求也有些为难。真的不进去，让他们自己玩吧，又担心他们会出现危险或者他们会出现争吵，可是进去吧，孩子都已经明确拒绝了，自己再这样做会不会有些不好呢？

其实，让孩子自己和朋友们单独待在房间里面玩耍也不失为一件好事。没有了父母和长辈的庇佑，孩子就需要自己动手做事，需要靠自己和其他伙伴交往。在没有成年人的场合，孩子就会更加放松，并且他们会逐步培养自己的独立意识，这对于孩子的心理发展是十分有利的。

因此，当孩子主动提出想要和自己的朋友单独玩耍的时候，父母最好还是答应他们，等要吃饭的时候再叫他们一起出来吃饭，父母要给予孩子和朋友独处的空间。如果孩子真的遇到了自己无法解决的问题的话，相信孩子会主动出来找父母寻求帮助的。当然父母这种希望时时刻刻都待在孩子身边的心情是可以理解的，做父母的都希望可以了解和关注孩子的一举一动，但是父母和孩子的关系再亲密，也依然是两个独立的个体，适当与孩子保持一定的距离，给孩子留一些私人的空间也是非常有必要的。父母完全没有必要过分亲近孩子，给孩子和朋友留下独处的空间，这样父母觉得轻松，孩子也会觉得舒适，何乐而不为呢？

### 给父母的建议

父母总是在孩子身边，孩子就会更加依赖父母，这对孩子的成长不利。因此，有的时候父母应该学会放手。

**首先**：对于年龄小且没有自控能力的孩子，父母可以给予一定程度的监护，让孩子远离危险。

**其次**：对于年龄大一点且有自控能力的孩子，父母应该尽量放手让孩子们自己去玩，这样更有利于孩子们之间友谊的建立。

父母应该明白，没有了父母的监管，孩子们可以玩得更加尽兴，还可以说很多悄悄话，这不但可以加固他们之间的友谊，还能培养孩子的交往能力。

## 孩子开始写日记了

孩子在小的时候总是和自己的爸爸妈妈最为亲近，尤其是喜欢黏着妈妈。但是随着孩子年龄的增长，在某个阶段孩子似乎都会出现和同伴较为亲近，却和自己的爸爸妈妈逐渐疏离的情况。其实这是比较正常的现象，因为孩子在成长的过程中，心理在逐渐成熟，他们认为自己已经是个大人了，渴望摆脱父母的约束。

这种情况在孩子进入青春期以后更为明显，很多孩子开始出现叛逆行为，他们不愿意和父母亲近，总是处处与父母对着干。其实孩子到了青春期，随着身体上的发育，孩子的心理上也会产生种种变化，对于以前父母灌输给自己的种种思想也开始产生质疑，甚至不再相信父母。因此，孩子们常常感到内心孤独，他们急需要一个倾诉的对象。此时，他们会选择一个完全属于自己，父母不会干涉到的空间，并将自己的心情和小秘密都倾诉出来，于是，他们会锁上房门，打开自己的日记本，将每天遇到的快乐的、不快乐的、激动的、气愤的、伤心的事情都写下来，当他写完时，他发现心情平复了，感觉好多了。虽然可能问题还是在那里，它并没有得到解决，但是孩子已经把自己极端的情绪从体内转移到了日记本上，他们心里面就轻松多了。这也就是为什么很多青春期的孩子都喜欢写日记的原因了。

几乎每一个青春期的孩子都有一本带锁的日记本，或者一个放日记本的带锁的抽屉。在这个事情上，父母可以把日记看作是青春期的孩子送给自己的一份礼物。而孩子给日记加上锁，是想要一个安全的地带去独自打量自己，他不想被评头论足，孩子那一点儿刚刚积累起来的自信，还需要被小心地呵护。这个时候，如果父母强行或者偷偷看了孩子的日记，孩子就会感到无处藏匿，感到羞辱、气愤，甚至产生令父母惊讶的激烈的情绪反应。可能日记本中的内容很是平淡，但是如果父母窥视了孩子在完全不设防状态下展露的自我，孩子就会有一种被侵犯的感觉。

因此，日记通常是一个会引起冲突的话题。孩子们因为父母要查看自己的日记而愤懑苦恼，父母却因为孩子背着自己偷写日记而不安。实际上，很多时候，

孩子写日记并不是因为孩子有什么见不得人的秘密，他们只是想要找一个倾诉的对象而已。

然而，很多父母却认为看孩子写的日记正好是自己了解孩子的好时机，因此他们就会选择偷看孩子的日记来了解孩子。很多父母认为自己这样做是关心爱护孩子的表现，并没有恶意，如果不这样做，自己又怎么能够了解孩子的心思呢？更有父母认为若不看紧孩子就是对孩子的放纵，孩子很可能会学坏的。然而，日记本是孩子的私人物品，里面记录着他们的心情和小秘密，他们并不想让别人知道。如果父母偷看孩子的日记这一行为被孩子发现了，这不仅会伤害孩子的自尊心，也会破坏父母在孩子心中的形象。

### 如何面对孩子的日记问题

除了偷看孩子的日记，作为家长，完全有其他的方法来面对青春期孩子的日记问题。

1. 不看也罢

如果孩子有心事不对父母说，说明亲子之间的沟通出现了问题，父母应该去改善这种状况，而不是去查看孩子的日记。

2. 和孩子共同拥有一本沟通日记

父母和孩子可以把想对对方说的话写在共同的一本日记上，这样既能避免尴尬，又能有效沟通。

父母应该接受孩子已经长大的事实，给孩子一定的自由和独立的空间，让孩子去自由飞翔。

宏达是个初一的男孩，自从上初中之后，宏达就感觉到了学习的压力，于是他决定通过写日记来锻炼自己的写作能力。当时他很开心地向爸爸妈妈说出了自己要坚持写日记的决定，爸爸为此还送给他一本精致的笔记本作为奖励。刚开始的时候，宏达写日记就是记流水账，每天发生什么就写点儿什么，有的时候不开心了也会在上面发泄一番，别说，写完之后他真的就没有那么生气了呢。宏达感觉日记真的是个好东西，它就像是个最知心的好朋友一样，而且无论什么时候都会倾听自己。于是，宏达每天都坚持写日记。

不过，后来宏达就不只是记流水账了，而是会记录很多心情和小秘密。因为，刚刚进入青春期的宏达也有了自己的心事，有的时候他也不知道该怎么和自己的爸爸妈妈说，宏达觉得自己又是个男孩，怎么能和小女孩一样婆婆妈妈地找朋友诉说心事呢，于是他就都写在日记上了。在初一下半学期的时候，宏达的班里转来了一个漂亮的女生，她的学习还特别好，唱歌也好，班里好多人都喜欢她，宏达也很喜欢。只是宏达觉得那是个女生，自己不好意思多跟人家说话，就会在日记里面提到那个女生，宏达总是想能和她说上几句话，但都是因为自己太胆小太害羞，才只能在日记里写一写她。

有一天放学回到家，刚进门，宏达就看到自己的日记本放在茶几上，爸爸正坐在沙发上等自己。还没等宏达说什么，爸爸就大声说："好小子，你才几岁啊，也学着人家早恋？"宏达被说得一头雾水，直到爸爸说出那个女生的名字，宏达才恍然大悟。爸爸以为宏达早恋了，虽然宏达觉得那个女生很好，但是他根本就没有往那上面想过。而且，自己的日记本为什么在茶几上，为什么爸爸要偷看自己的日记？宏达有些生气地质问爸爸："你怎么能偷看我的日记呢？你这样做是犯法的！"爸爸说："偷看？我看自己儿子的东西为什么是偷看？我想看就能看！再说我不看怎么了解你啊？"

没想到爸爸会这样说，宏达伤心极了，不仅是因为爸爸冤枉了自己，而且自己一直以来都以爸爸为榜样，可是现在爸爸居然这么不懂得尊重自己，这让宏达感到十分伤心，也忍受不了爸爸这种行为。从此，宏达也不爱和爸爸说话了，自己写日记也偷偷写，写完就把日记本藏起来，宏达觉得现在也只有日记懂得自己

的心了。

宏达的爸爸认为看孩子的日记就可以了解孩子。其实，孩子遇到问题的时候，心绪上一定会有所波动，而且孩子的心理发育还不成熟，自我控制能力还有

### 不用偷看孩子的日记也能教育好孩子

对于父母来说，他们完全可以不通过偷看孩子的日记的方式来了解孩子。

首先　父母要注重培养孩子的独立人格，使孩子提高明辨是非的能力。

其次　父母要尽量以平等的姿态和孩子交流，孩子自然会对父母产生信任感，愿意把心事说给父母听。

最后　同时，父母可以多和老师以及孩子的朋友沟通，来扩充自己了解孩子的渠道。

当然，父母要多反思和改进自己与孩子的沟通方式，建立既轻松和谐又充满信任感的亲子关系。

所欠缺，因此他们的心思一定会表露出来。只要父母细心观察孩子，一定可以发现孩子的问题，再加上有效的沟通，父母就能够了解孩子出现了什么问题，并能和孩子一起解决问题了，所以父母根本就不需要翻看孩子的日记。孩子逐渐长大，有了属于自己的秘密，父母不可以借由任何名义去侵犯孩子的隐私。父母不能把孩子当成自己的附属品，孩子是独立的个体，他们有自己的想法和行动。所谓父母，应该尊重孩子，以平等的姿态来和孩子对话。如果孩子觉得父母是安全的沟通、倾诉对象，孩子自然会向父母倾诉，根本就不需要父母去偷看孩子的日记。

孩子长大以后，都会有属于自己的"秘密花园"，而且对很多事情都会形成自己的看法，这也是孩子心理逐渐成熟的一种表现。虽然他们的很多想法和看法是父母难以理解的，父母或许会觉得这些想法很可怕或者离经叛道，其实，事情可能并没有父母想的那样糟糕。如果父母贸然去批评孩子，可能会适得其反。随着孩子年龄的增长，很多事情孩子也可能只依靠自己就能搞明白，父母并不需要过于担心。如果父母用偷看孩子的日记或者信件等方式来了解孩子，很有可能会弄巧成拙，失去孩子的信任。

## 说孩子"笨"，使不得

在中国的传统教育中，人们普遍认为谦虚是一种好的品质。当然，这是事实，但是有些父母却过于谦虚，在别人夸自己的孩子的时候，他们总是会说自己的孩子如何不好，这原本是大人之间的客气话，但是听到孩子的耳朵里，孩子却会真的认为自己不够优秀，这难免会让孩子有些伤心。

除此之外，对于孩子的一些类似唱歌的时候会跑调、写字的时候太慢总是看一笔写一笔、孩子不会跳绳、孩子拍不起球来……这些看似并不起眼的问题，很多父母都会遇到，但又没有什么正确的解决方法，于是父母就把这些问题简单地归咎为孩子比较笨，或者认为这些事情无关紧要，孩子长大之后自然就可以改

变，于是父母就把孩子笨当玩笑一样来说。然而，事实上并不是这样的。

很多父母甚至是老师在批评孩子的时候常常会用"你真笨"这三个字来说孩子，说的文明一些是这三个字，粗俗一些的父母可能会对孩子说两个字"笨蛋"。孩子在小的时候根本就没有"笨"的这个概念，除非是大人灌输给他们，要不然对于大多数孩子来说他们的智力都是差不多的，根本无所谓聪明与笨。孩子在小的时候，通过成年人的引导使孩子建立起自信心对孩子起着很大的作用。父母是应该鼓励孩子，让他们从失败中站起来呢，还是让他们在失败后认为自己的头脑不好——笨，从而永远背着这个包袱生活呢？从生理学的角度看，凡是人们不感兴趣的事，人们往往都会干不好，不感兴趣使人的头脑闭塞僵化，而充满兴趣使人的头脑开放活跃。一个认为自己笨的孩子，他的脑子自然而然地就会处于闭塞状态，因此，父母千万别用"你真笨"束缚了孩子的头脑，这样还会引起孩子的自卑心理，让孩子以后的生活受到不良心理的影响。

现代科学研究已经证实，发育正常的孩子之间，天生智力并没有多大差异。人的人脑的利用率通常不到20%，一般孩子学习水平的差异，不是聪明与愚笨的差异，而是由于被激活的智力潜能的不同所造成的，条件不同的孩子通过有针对性的训练都会变得聪明起来、"开窍"起来。俗话说："捧一捧，就灵。"捧，并不是一味地迁就，说漂亮话。怎么捧，还得有的放矢，注意点儿方法和技巧。

比如，在孩子的一次测试中，孩子的成绩可能不好，孩子自己也觉得自己的成绩很不好了，父母就不要一味指责孩子不好好学习，而应对他说："你不是能力不行，也不是基础差，更不是不如别人，是你太粗心了，没有审清题目，不然，凭你的能力是完全可以做对的！"父母这种有意的错误归因，既维护了孩子的自尊心，避免造成孩子心理上的问题，又增添了孩子的自信心。捧一捧，让孩子在今后的学习中能找到方向，看到希望。

小杰的父母都没有上过大学，所以就希望小杰能学习好，将来考上大学给家里争光。因此，父母对小杰的教育很是严格，小杰每天从学校回到家后还是会有

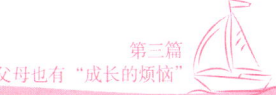

## 孩子不爱动脑筋的表现

很多父母觉得孩子笨，是因为现在的孩子不太爱动脑筋。其实，具体来说，孩子不爱动脑筋主要表现在两个方面：

1. 日常活动中

在日常的生活中，孩子就不爱动脑筋，父母问孩子问题时他们总是会说"不知道"。

2. 学习活动中

在学习上孩子不主动思考问题，总是想偷懒找现成的答案。

其实，父母觉得孩子笨，是因为父母的教育方法不对，才造成了孩子不爱动脑筋思考问题。因此，孩子出现了问题时，父母首先应该检讨自己，而不是责备孩子。

很多爸爸妈妈给他布置的作业要做，在周末的时候，爸爸妈妈还会带着他去上辅导班。为了让小杰能有一个好的学习环境，妈妈几乎什么都不让小杰干，专门空出一个房间来给小杰学习用，谁都不能进去打扰他。但是，即使是这样，小杰的成绩也并不算是非常好，勉强能进入班里的前十名。

其实，无论小杰考的成绩如何，他从来就没有听到爸爸妈妈表扬过自己，每次爸爸妈妈都是教育他要好好学习，要是成绩稍有退步，爸爸妈妈就会狠狠批评他一番。这让小杰觉得自己确实不聪明，即使这样努力，成绩还是上不去，始终徘徊不前。这让小杰的压力十分大，自己也想着能学好，可是无论自己怎么用功，还是学不好。有一次，小杰的英语考试成绩只有90分，虽然看起来也是不错的成绩了，但是因为小杰以前的成绩都比这次要好一点，因此，这算是小杰的低分了。爸爸看到试卷上的成绩之后，气得直接打了小杰一巴掌说："你怎么这么笨啊！人家要是有你这样的时间和条件，早就考100分了，你看看你自己，能干好什么呀?"

小杰觉得班里的学习委员整天都在和别人聊天开玩笑,但是她的成绩还是很好,自己这么用功反而成绩不如她,也许爸爸说得不错,自己确实就是笨。这让小杰多少有些自卑,觉得自己实在是太笨了,可是小杰越是这样想,小杰的成绩越是下滑,后来在一次单元测试中,小杰的成绩只考了80分。爸爸对小杰又是一顿数落,说:"我怎么就生出你这么个笨孩子啊?你整天都在干什么呢?下次再考不好,你就等着挨打吧。"小杰有些害怕,也有些自暴自弃,觉得自己可能真的就是没有别人聪明,怎么学也肯定是赶不上别人的。就这样,小杰在学习上没有了自信,成绩也逐渐下滑,连前十名都进不去了,后来他干脆落到了后面,成了差生。

其实,小杰真的笨吗?肯定不是的,如果小杰笨的话,怎么可能还会考到前十名呢?只是因为爸爸屡次说他笨,他就也觉得自己笨了,这使小杰的自信心逐渐消失,小杰逐渐有了自卑心理。在自卑心理的作用下,孩子的潜能自然不能很好地发挥。所以说,孩子并不是笨,而是因为他们的心理上出现问题,从而造成孩子的"笨"。

所以,在孩子出现一些小的失误或者错误的时候,父母不要说孩子笨,而是要多从孩子的角度来考虑问题。只要父母教育孩子的方法灵活些、高明些,多鼓励、多表扬孩子,让孩子的心理由"我真笨"转变为"我能行",那么孩子才能不断进步,变得聪明。

当然,父母也不要过多地责备孩子遇到事情不懂得思考,很多孩子之所以不会动脑筋想问题,大多也和家庭教育有关系,只要父母能够用正确的方法教育孩子,孩子自然就爱动脑筋,变得聪明了。陶行知先生说过:"你的教鞭下有瓦特,你的冷眼中有牛顿,你的讥笑中有爱迪生。"做老师的不能对孩子冷眼相看,做父母的更不应该如此,只有对那些暂时未开窍的"瓦特""牛顿""爱迪生"不施以鞭教、冷眼和讥笑,保护好孩子的自尊心,多给孩子一点关爱,增强孩子的自信心,这样才能真正教育好孩子。

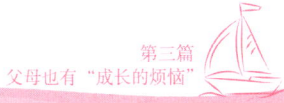

### 孩子不会思考的原因

很多孩子在别人问他们问题的时候,总是想都不想就说"不知道",于是父母就开始担心是不是孩子太笨了,想不到答案,其实孩子只是不喜欢思考而已,而这与家庭教育有很大的关系。

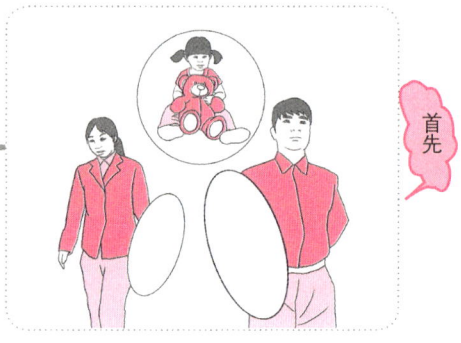

首先

**父母对孩子的过分溺爱**
父母对孩子的一切事情都包办,这让孩子养成了依赖心理,遇到事情就找父母,自己懒于思考。

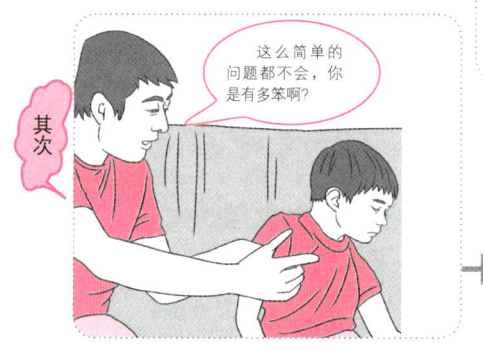

其次

这么简单的问题都不会,你是有多笨啊?

**教育方法不对**
孩子在回答问题的时候出错了,父母就说孩子太笨,这会打击孩子的自尊心,孩子也就不愿意再思考问题了。

当然,也有少数孩子的外表看起来和别的孩子一样,但是他们的智力确实有问题,心理学上称之为边缘状态。这一类孩子,对于别人提出的问题确实不懂得思考。

## 在意孩子的缺点让他更自卑

很多父母通过各种方式去求证自己的孩子聪明或不聪明,然后武断地给孩子贴上"聪明"或"不聪明"的标签。也有很多父母,担心孩子输在人生的起跑线上,便焦躁不安地想要寻取一贴"妙药",以求可以快速改变孩子的资质。其实,世上并没有能把孩子变得聪明伶俐的灵丹妙药,父母应该关心的,是怎样才能更好地了解自己的孩子,然后根据孩子的心理特点,找对教育孩子的方法,这样才能真正教好孩子。

然而现实中，很多父母总是抓住孩子的一些缺点或者弱点不放手。有的孩子唱歌唱不好，父母就一直说自己的孩子不会唱歌，可能只是唱得不好的孩子就变得真的一首歌也不愿意学了，这样他们也就真的不会唱歌了。这就说明如果父母太在意孩子的某一个缺点，这个缺点就真的会耽误孩子的成长。作为父母，总是一味地盯着孩子的弱点，总觉得自己的孩子一无是处，这样一定不可能把孩子教

## ❤用赏识成就孩子的自信❤

父母的赏识是孩子成才的重要力量。所以，父母应该运用赏识的方法激励孩子，培养孩子的自信。

孩子只有有了自信，才能接受新的挑战，学会更多知识，并不断取得成功。因此，在对孩子的教育中父母应该多赏识、鼓励孩子。

好。叶圣陶老先生曾说："一味地强调孩子的弱点，那么这个弱点将伴随孩子的一生。"

心理学家研究表明，自我意识在人的发展与成就中起着至关重要的作用。因为人的行为、感情，甚至才能，经常受到自我意识的支配。很多时候，你把自己想象成某一种类型的人，你就会按照那种类型的人的特征去行事，去塑造自己。把自己想象成成功者，你就会按照成功者的蓝图去施工，最终获得成功的概率就会变得很大。假如把自己认定为无所作为的人，你必然在生活中缺乏进取的干劲，最终可能会得到失败的结果。而孩子的心理发育还不成熟，在他们成长的过程中，父母的肯定是孩子前进的最大的动力，如果父母总是在意孩子的缺点，并有意无意地提到孩子的缺点，孩子就会认为自己确实不行，从而失去自信心，逐渐真的成为父母所说的那样的人。

所以说，孩子的心灵深处最强烈的渴望和所有的成年人一样——渴望得到别人的赏识。很多父母在孩子刚刚学会走路、学会说话的时候，本能地看到孩子的优点，总是会夸奖孩子的每一点进步，并为之自豪，在这样的教育中孩子会受到鼓励。但是，随着孩子逐渐长大，尤其是在孩子上学之后，父母就开始不断怀疑孩子，认为孩子不行，他们批判的目光总是盯在孩子的缺点上，却把赞扬的目光投在了别人家的孩子身上。都说父母的目光就像阳光，照到哪里哪里壮。孩子就好比一棵果树，果树有果枝（优点），也有疯枝（缺点），阳光如果一直照在疯枝上，疯枝就会越长越壮，最后果树颗粒无收。阳光如果一直照在果枝上，果枝就会越长越壮，最后果树必将是硕果累累。

丹丹刚刚上小学二年级，是个长得非常可爱的小女孩，小的时候，丹丹几乎是听着赞美声长大的，爸爸妈妈对她也是赞不绝口。但是，自从丹丹上小学之后，她就彻底被邻居家的小姐姐比下去了，爸爸妈妈张嘴就是"你看看人家学习多好""你看看人家还会弹钢琴"……而自己什么也不会，学习成绩也一般，总是会被爸爸妈妈教训，丹丹觉得自己真的是太笨了，什么都学不好，难怪爸爸妈

妈都不再表扬自己了呢。

这样的想法让丹丹很是自卑，她走路的时候也不好意思抬头了，总是低着头。妈妈看到后也会说她："走路也没个走路的样子，你低着头走路干什么？不用看前面的车吗？"于是，丹丹就再抬起头来走。丹丹的头是抬起来了，但是丹丹的心却没有"抬"起来。丹丹的成绩每次都不好，其实她的语文成绩还是不错的，有的时候还能考班里的第一名呢，就是因为数学成绩太差了，所以总成绩也就不好了。每次考完试的时候，丹丹拿回两张卷子，爸爸妈妈看到语文试卷也不说什么，但是一看到数学试卷，就开始唠叨个没完，说丹丹："你就是不会算数，这么简单的题目都能做错，数学就这么难吗？你看邻居家的小姐姐成绩多好啊！你没事就跟人家学学，让姐姐教教你啊！"

丹丹自己也觉得数学确实不好学，可能自己真的学不会数学吧，于是上数学课的时候，丹丹就算有听不懂的地方也不会问，觉得自己反正就是学不会，问了也是白问，就这样，丹丹的成绩逐渐开始下滑，现在，丹丹的数学成绩很难有及格的时候了。爸爸妈妈想给丹丹补习数学，丹丹也没有听的心思，还说自己就是学不会，不愿意学习数学了。妈妈回想丹丹刚上小学一年级的时候，丹丹的数学成绩虽说是不如语文，但是她也能考80多分呢，有时单元测试的时候还能考到90分，现在怎么连及格都难了呢？

为什么丹丹的数学成绩越发不好了呢？刚开始发现丹丹的语文成绩好，而数学成绩差一点的时候，如果父母能够鼓励丹丹，帮助丹丹分析数学没有考好的原因，而不是责备丹丹笨，说她数学成绩不好，那么丹丹就不会认为自己确实学不好数学，也就不会排斥数学，这样成绩肯定不会不断下滑的。因此，孩子的一些缺点或者不足，如果父母反复提及，会让孩子的缺点和不足得到强化，而且还会伤害孩子的自尊心，让孩子丧失信心。

因此，赏识孩子才能教育好孩子，现在的教育专家也提出应该对孩子实行"赏识教育"。而心理学专家也认为人性中最本质的需求就是人们渴望得到尊重和欣赏。"赏识教育"的特点就是注重孩子的优点和长处，让孩子在"我是好孩

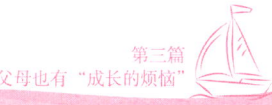

子"的心态中觉醒。心理学专家认为：赏识，其本质是爱。学会赏识，就是学会爱，换句话说，"赏识教育"就是爱的教育。

然而中国人含蓄而内敛，情感不善外露。父母对孩子、老师对学生，责罚多、鼓励少，这样的做法在很多方面都挫伤了孩子的积极性。多少年来，责罚和抱怨教育一直盛行，它们最大的特点就是把孩子当成被动的受教育者，无视孩子的权益和个性，强调孩子的弱点和短处，因此导致中国孩子个性的缺失。当然，任何教育方式都有其局限性，"赏识教育"也是一样，如果父母一味强调孩子的

### 教育要掌握一个"度"

现在教育孩子成了父母最关注的话题，到底什么样的教育才是好的教育呢？其实无论什么教育，只有把握好一个"度"，才能教育好孩子。

考不好，赶紧去墙角站着去！学不好就不要吃饭了！还不赶紧学，等着挨揍吗？

虽然适当的惩罚会让孩子认识到错误，但是一味地打压孩子会让孩子失去自信心，甚至产生自卑心理。

我女儿就是厉害，轻轻松松就考第一！她什么都会，不只是学习好，唱歌也好。

赏识会增强孩子的自信心，但是父母过度的夸奖只是表面赏识，会让孩子飘飘然，逐渐养成以自我为中心的意识。

因此，"赏识教育"并不只是说好话那么简单，父母应该要明白一个道理，压扁了还可以充气，膨胀了却可能会导致爆炸。因此，即便是"赏识教育"，也应该掌握一个"度"，不可过度。

优点，过分夸大孩子的长处，就容易让孩子形成"自我中心意识"，从而造成孩子自私自利、心胸狭隘、霸道的性格。因此，就算是"赏识教育"，父母也一定要掌握好一个"度"，虽是赏识，却不可过分赏识。

美国心理学家威廉·詹姆斯有句名言说得好："人性最深刻的原则就是希望别人对自己加以赏识。"那么，就让我们对那些从来没有得到过赏识的孩子进行"赏识教育"，对那些听惯了好话的孩子进行"责罚教育"吧。

总之，不管是什么样的教育方式，都要有个"度"。如果父母发现孩子有问题，要采取"疏"的方式，而不能采取"堵"的方法。不良情绪会对人造成很大的伤害，一旦孩子有了情绪波动，父母也应该给孩子提供一个安全的宣泄途径。父母一定要注意不要在外人面前或者直接在孩子面前反复强调孩子的弱点，对孩子进行否定评价，这样做会对孩子的心理造成很大的伤害。父母都应该从生理和心理两方面多关心正处于成长期的孩子，使他们能够顺利度过自己最美好的青少年时光。

## "冷暴力"大危害

"你看看别人家的小孩子多聪明啊，你都学了些什么呀？""如果下次再考试不及格的话，你就不用进家门了。""你的脑袋是被驴踢了吗？""都跟你说多少遍了，你怎么就不长记性呢？""你真是太让爸爸妈妈失望了，我们不管你了，你爱怎么样就怎么样吧。"……相信在很多孩子的成长过程中他们都会听到父母这样的话语，这虽然不是对孩子进行"棍棒教育"，但是这些语言对孩子的打击却一点也不亚于父母的棍棒。根据有关心理学家的观点认为，这种现象属于家庭教育中的"冷暴力"，也就是父母在教育子女的时候经常用语言对孩子施暴。

以前的父母都认为"棍棒底下出孝子"，而现在的多数父母只有一个孩子，

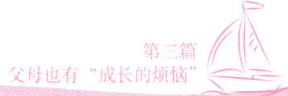

## "冷暴力"的三种常见形式

"冷暴力"是现在家庭教育中非常常见的一种现象，具体来说，"冷暴力"有三种常见的形式：

1. 父母对孩子采取不搭理的态度，漠视孩子的存在，对孩子的生活和学习都不关心。

2. 父母过度批评孩子，甚至对孩子全盘否定。一些父母对孩子的期望太高，结果孩子出现错误的时候他们就会过度批评孩子。

3. 当父母对孩子的行为或者成绩等感到不满意的时候，就对孩子进行威胁和恐吓。

相比较而言，第三种形式更为常见，很多父母都会对孩子说出带有威胁或者恐吓意义的话。

他们舍不得对孩子动手动脚，于是就用"冷暴力"来对待犯错误的孩子。虽然没有了挥舞的棍棒，但是父母嘲讽、恐吓的语言仍然会像一把把锋利的匕首一样刺进孩子弱小的心灵，使孩子深陷自卑、自责的心理泥沼里面不能自拔，以至于一些孩子长大成人之后还深受其害。南京大学的费俊峰副教授对此痛心疾首地说："对于孩子，'冷暴力'给他们的身心带来的伤害更大，其隐蔽性也更强，许多孩子因此落下病根，甚至十多年后也未必能驱散这个阴影。"

从心理学的角度来说，家庭教育中的"冷暴力"对孩子其实是一种精神上的虐待。江苏省有关部门曾经对全省4000多名中学生进行过一次调查，经过调查后发现，一般的家庭都存在着"冷暴力"，其中，有28.1%的父母对孩子感到不满意的时候就会进行威胁和恐吓，有17.2%的父母对孩子采取不理不睬的态度，有8.2%的父母对孩子进行嘲讽和挖苦。很显然，"冷暴力"现象在家庭中已经是非常普遍的现象了，很多孩子都会受到伤害，处在成长期的孩子心理发育尚未成熟，另外孩子一般对父母怀有崇拜的心理，因此父母不经意的一句话都会被孩子看得非常重要。此时，如果父母采取"冷暴力"的教育方式，很容易让孩子产生自卑心理或者患上自闭症。

那么，家庭教育中的"冷暴力"对孩子究竟会造成什么样的影响呢？有关专家认为："冷暴力"会潜移默化地影响到孩子的性格和成长，可能会导致孩子产生退缩性人格，或性格暴躁、富有攻击性。所谓退缩型人格就是说孩子长期不自信，有浓厚的自卑感，不敢与人交流。性格暴躁的孩子，他们的内心充满"攻击性"，性格偏激，心胸狭隘，容不得别人有不同意见，对他人和社会可能会采取过激的行为。从孩子的心理特点上我们就应该有所了解，小一点的孩子会有很强的模仿性，他们会模仿父母的行为和语言，从而变得很容易像父母一样暴躁，动不动就会嘲讽和打击别人。另外，由于孩子都非常在乎自己在别人心中的形象，而父母往往是孩子崇拜的对象，因此孩子更加在乎自己在父母心中的形象，如果父母对孩子进行冷嘲热讽，对孩子进行打击和数落，孩子可能就会认为自己的确不行，从而逐渐失去自信心，进而变得自卑和自闭。

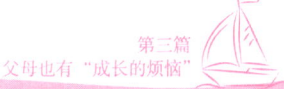

瑞瑞的父母十分关注他的学习情况,为了能让瑞瑞有一个好的学习成绩,爸爸专门在学校附近租了一套房子,全家搬到学校附近住。而且,每天放学回家后,在完成老师布置的作业之后,爸爸还会再给瑞瑞辅导一个小时,在周末的时候瑞瑞还要参加各种课外辅导班,他几乎每天都是在学习中度过。瑞瑞说自己从来没有过过暑假和寒假,每次到假期的时候,他就比上学的时候更累,要学的东西更多。不过,瑞瑞的成绩也真的不错,几乎每次考试都在前几名。

但是,也有让瑞瑞十分受不了的事情,就是只要自己考得不好,妈妈就会大嗓门地训斥他,说得好像瑞瑞一无是处一样。就算瑞瑞作业有一处小的错误,爸爸或者妈妈也会说他:"你眼睛长到哪里去了?这么大的错误你看不出来吗?"有一次,瑞瑞的考试成绩下降了5名,这可了不得了,妈妈将试卷摔在瑞瑞的脸上,说:"你对得起爸爸妈妈的付出吗?你就这么没有本事是不是?下次你要是再考成这个样子,以后就不用上学去了,去了也是白去,花那个冤枉钱干什么?"

爸爸妈妈总是这样,只要自己稍有不好,他们就会大声训斥瑞瑞。瑞瑞整天唯唯诺诺的,就知道看书学习,也不知道怎么和同学相处,看到别的同学都是三五成群地玩闹,瑞瑞羡慕极了,但是却没有人邀请瑞瑞一起玩,大家都知道瑞瑞是个书呆子。这让瑞瑞十分自卑,觉得自己真的除了学习之外一无是处,有时学习还学不好,自己真的是太笨了。越这样想,瑞瑞心里就会越焦虑不安,上课的时候他也不能好好听讲了,满脑子里都是爸爸妈妈说自己的那些话,还有同学们说他是书呆子的话。逐渐地,瑞瑞再也不愿意和同学接触了,总是放学就自己跑回家,他也越来越暴躁,心里好像有一团火,不知道怎么发出来。

瑞瑞原本可能会成为一名学习非常好的孩子,因为他本身就很努力。但是因为爸爸妈妈管教太严,而且他们经常对他实施"冷暴力",让瑞瑞不堪压力,产生了心理问题,瑞瑞的成绩自然也就会下滑,那么父母又会对瑞瑞实施"冷暴力",这样的恶性循环中,受害的是瑞瑞。

当然,除了家庭中的"冷暴力",近年来,校园中的"冷暴力"也越来越受

到人们的关注，有些老师对于那些学习不好又很调皮的学生往往会采取一种放任自流的态度，就是既不打也不骂，只是把他们的座位调到最后一排，上课的时候几乎不会叫他们起来回答问题，仿佛他们根本就不存在一样。另外，也有一些老师习惯以一种高高在上的姿态站在孩子面前，对孩子非常严厉，往往把教育变成了教训。这些，都属于"冷暴力"的范畴。

### 如何教育孩子更好

孩子的心理尚未成熟，很多事情思虑不周全，难免会出现一些不如意的结果，父母应该多鼓励孩子，而不是对孩子冷嘲热讽，让孩子丧失自信心。

然而，"冷暴力"并不能教育出好的孩子，尤其是对处于成长期的孩子，这个时期的孩子需要父母和老师的关怀，他们需要鼓励、需要赞赏。"冷暴力"只会让孩子越来越糟，而且给孩子的心理造成很大的伤害。所以，父母要想在对孩子的教育中取得好的效果，就必须多关注孩子的情感需求和心理需求。多和孩子沟通，用关爱的语言代替嘲讽和威胁，多赏识和赞美孩子，那么孩子的成长状况就会超乎我们的想象。

## 打扰到孩子了他会生气

很多父母会觉得不可思议，明明很小的孩子有时还会生气，原因就是父母打扰到他们了。我们成年人有时在专心做自己的事情时，不愿意被人打扰，但是我们却普遍认为孩子还小，应该没什么自己的想法，也没什么事情值得他们如此深思，所以父母就会想到什么就直接找孩子，结果这就会打扰到孩子，他们也会表现出生气的情绪。

其实，孩子拥有与生俱来的好奇心，当他们玩模型或玩具时，他们对新鲜事物产生了兴趣，所以将注意力投入玩耍的过程中，既动手又动脑，培养手脚协作能力，同时也积累经验，这有助于孩子智力和动手能力的双重开发。若在这一过程中，孩子总是被打扰，就可能使得孩子日后做事没有耐心，脾气急躁。

许多父母都担心孩子注意力不集中，却不知道自己的行为正是造成孩子注意力不集中的根源。父母可能发现孩子在写作业时偶尔玩橡皮或发呆，这些都是孩子注意力不集中的典型表现。但是父母也应该反省一下，自己是否在孩子专心做事时打扰过孩子，比如：当孩子专心在做作业时，父母是否经常走到孩子身边，和孩子说："乖孩子，好好做作业，妈妈给你做好吃的。"一会儿又说："写了这么久，累了吧，妈妈给你削个苹果吃好不好？"过了一会儿又过来说："孩子

来喝点热水吧,补充点水分。"父母是否知道正是自己的这些看似关心孩子的行为打断了孩子的思路,并可能使孩子逐渐变得没有耐心。

相信这样的情形在很多家庭里都发生过,所以,父母在烦恼自己的孩子注意力不集中或没有耐心时,应该先静下来反省一下自己的行为。孩子乐于探索和认知事物,他们的成长得益于每一次专注的学习过程。而这种学习不仅指在校学习,也指玩耍、看电视等,这些看似并不太正式的学习方式都是孩子接收新知识的过程,都是他们从外界汲取养分的方式,父母应当尊重孩子的学习方式,并力图为孩子创造安静和谐的学习环境。

希希今年刚刚上小学一年级,从上幼儿园开始,希希的动手能力就特别强,无论是折纸还是画画,或者是组装一件玩具之类的事情,他总是学得非常快,妈妈也觉得孩子的动手能力强是件好事,这样可以不断开发孩子的大脑。所以,妈妈给希希买了很多模型玩具,随着希希年龄的增长,妈妈买的玩具也在不断升级。现在,希希非常喜爱这些模型,最近几天更是整天将模型拆了装、装了拆的,忙得不亦乐乎。

今天妈妈看到希希玩模型玩了一个早上,担心希希有些饿,所以就叫他:"希希快过来吃点水果。"可是希希就像是没有听到一样,于是妈妈又叫了一遍,希希还是没有任何反应。妈妈没有办法,只好走到希希身边,对希希说:"妈妈和你说吃点水果再玩,你没有听到吗?"没想到妈妈这样一说,希希竟然生气了,把正在摆弄的模型一甩,对妈妈说:"妈妈你烦死了,你看不到我正在做模型吗?干吗总是叫我?"

妈妈就是不明白了,为什么自己叫希希吃水果,他反而会生气呢?这是为了希希的身体好啊!这孩子的脾气为什么这么大呢?妈妈觉得很委屈,而希希也觉得不开心,自己想要安安静静做点事情,但是妈妈总是喊自己一会儿吃这个,一会儿又喝水的,自己根本就不能好好思考。

由于孩子的注意力本身就比较容易被新的事物吸引从而转移,若父母成为孩子的干扰源,那就不能怪孩子做事不专心了。父母应当排除各种可能分散孩子注

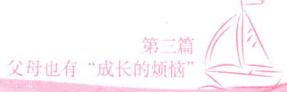

意力的因素，为孩子创造安静的游戏和学习环境。

当孩子专心做事时，父母尽量不要打扰孩子。比如孩子玩耍时，父母不要总想着要"寓教于乐"；当孩子入迷地看自己喜爱的动画片时，父母也不要总催着孩子吃饭，不妨等他看完再让他吃；当孩子专心地读着漫画书时，父母也不要硬拉着孩子做这做那；在孩子专心学习时，父母也不要总是给孩子端茶送水，这些都可能会打扰孩子的思路，使他无法集中精力，从而养成一心多用的坏习惯。

首先，父母不要一次给孩子太多的玩具和书，要根据孩子自身的能力给孩子适量的东西，而且要注意全家协调，共同为孩子创造适当的环境。例如：当孩子写作业的时候，父母最好不要做可能吸引孩子注意力的事情，如看电视等。其次，在孩子做事的时候，父母不要随意打扰和打断孩子，等孩子将事情做到一个阶段时再叫他去做另一件事情。而当父母指导孩子学习时，发现孩子的问题也不要立马指出，而要引导孩子自己去发现，或等孩子完成到一定阶段后再指出，使孩子的思路连贯。另外，即使孩子在看电视、玩玩具，父母也尽量不要打扰。建议父母要理解孩子的心理，并努力培养他们的耐性，不要让他们在专心做事时被打扰，其实很多事情稍微推后一点也没有什么关系，父母不妨为孩子营造一个安静的环境，让孩子能够专心做自己的事。这样一来，不但可以培养孩子的耐性，也可以使孩子的注意力更加集中，这对孩子的身心健康都有很大的好处。

总之，当孩子专心做事时，父母尽量不要擅自闯进孩子的房间，反之不但会打扰到认真做事的孩子，也会让他变得不耐烦，更可能会让孩子产生认为父母不信任自己的心理。所以，建议所有的父母要多信任自己的孩子，让他们专心做自己的事，孩子在专心做事的过程中会逐步健康成长。

## 第二章 开始出现沟通难的问题

### 孩子经常对父母说,"我只想一个人待着"

现在的孩子都是独生子女,孩子的成长越来越受到父母的重视,很多父母也开始明白和孩子沟通的重要性。但是,却也有许多父母觉得十分不解,孩子小的时候还可以和自己无话不说,就像朋友一样相处,但是为什么孩子一长大,竟然开始排斥与父母交流,逐渐开始疏远父母?很多时候父母想要关心孩子,想和孩子沟通一下,结果却惹得孩子厌烦起来,孩子甚至还会说想要自己一个人待一会儿,不让父母打扰自己,这是怎么回事呢?难道真的是孩子长大之后开始厌烦父母,不喜欢自己的父母了吗?

其实,父母完全不必有这样的担忧,孩子想要一个人待一会儿是孩子正常的心理需求,并不是他们厌烦父母了,更不是讨厌父母。孩子在逐渐有了自我意识之后,就开始会有自己的想法,他们也需要时间和空间来进行独立的思考。这个时候,孩子和我们大人思考的时候一样,都不希望自己被人打扰,所以,他们希望自己待一会儿。例如孩子在幼儿园玩耍、学习了一整天之后回到家里,他非常需要安静地独处一会儿,仔细回想一下自己一天的活动,只有动静结合才能让孩子的神经得以舒缓,这对孩子的健康成长是非常有利的。因此,父母不要只是抱怨孩子不和自己亲近,只要孩子思考完成之后,孩子自然会主动和自己的父母交流的。因此，给孩子营造一个安静轻松的环境让孩子可以回顾自己白天学习的内容和玩耍的游戏，这不但可以增强孩子的记忆力，也可以让孩子学会反思，并得以放松。如果父母寸步不离地陪着孩子，可能会打乱孩子的思路，打扰孩子的放松与休息。

而对于更大一点的孩子更是如此，孩子越大，他们需要思考的东西就会越多，他们需要一个安静的环境来完成自己的思考，这个时候父母如果强行和孩子

## 不同年龄段孩子的独处特点

每个年龄段的人都需要独处的时间，在这个时间里他们可思考或者独自探索，而孩子也是一样。

0~1岁的婴儿

孩子咿咿呀呀地说话，或者玩弄自己的小手和小脚，他们也很享受这种独处的时光。

1~3岁

我带着你去找水啊。你乖乖跟着我。

自言自语，或者和自己的玩具交流，孩子开始喜欢自己去探索这个未知的世界。

3岁之后

你们等着，我等会儿就让你们排队。

独处时的花样更多，孩子开始喜欢自己玩自己能主宰的游戏，或者把旧玩具玩出新花样来。

如果父母过度教导，时时刻刻陪在孩子身边，不给孩子留下独处的时间和空间，会使孩子丧失很多自我探索的机会。

交流，只会打断孩子的思路，让孩子十分厌烦父母的行为。其实，不管是多大的孩子，都需要自己独处的时间，他们会通过这段独处的时间思考东西，很多父母认为孩子还小，能有什么需要思考的呢？一个问题对于大人来说可能是非常简单的，但是对于年龄小的孩子来说，他们却需要经过一番思考才能想明白。即使是刚刚学会爬行的孩子，他们也将能够抓到的东西都塞到嘴里尝一下，或者左顾右盼地去捕捉能够引起他们注意的东西。孩子通过这样的玩耍，开始独立思考，探索自己与周边环境的关系。孩子的这个过程父母是帮不上忙的，而且在这样的一个独处的过程中，孩子不但可以放松自己，也可以从中学到很多东西。如果孩子一个人玩腻了，他们自然就会通过哭闹或其他方式来引起父母的注意，这个时候父母再陪孩子玩耍就可以了。

当孩子逐渐长大，有了自己的独立意识之后，他们更会认为通过自己思考学会的东西远比父母教给自己要好得多。很多父母都会遇到这样的现象：三四岁的孩子总是喜欢标榜自己的能力，他们都会说"我的""这是我的"这样的语言，说明孩子希望凸显自己的能力，他们开始有自己的思想，希望通过自己的探索来认识这个世界。这就需要父母给他们独处的时间，给他们自主探索世界的机会。

凯凯已经上小学了，凯凯的妈妈是接受过高等教育的人，她非常注重亲子关系的培养，从凯凯很小的时候开始，妈妈就把凯凯当成一个平等的朋友一样对待，非常尊重凯凯的意见，因此凯凯也很愿意和妈妈沟通，有什么事情他都会告诉妈妈，也很喜欢和妈妈一起玩游戏。后来凯凯逐渐明白一些道理之后，妈妈经常和凯凯聊天，母子两个人就像是好朋友一样，常常一聊就是半个小时。妈妈常常为和儿子保持这种良好的关系感到自豪。

但是，在凯凯上了小学之后，妈妈明显感到凯凯的时间有些紧张，但是为了维持原先的良好关系，妈妈还是每天都抽出时间和凯凯说说话。但是凯凯上小学之后的作业增多了，很多时候凯凯要写一个小时的时间才能写完，写完就该吃饭了，吃完饭凯凯还要看动画片，能分给妈妈的时间有些少了。妈妈就趁凯凯写作业的时候，过去给凯凯倒杯饮料，或者给凯凯拿个水果，有时还会在凯凯身后看

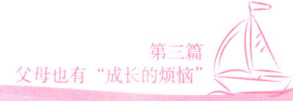

看他的作业完成得怎么样了……这让凯凯有些厌烦，觉得妈妈总是这样，会打扰自己的，自己的思路总是会被妈妈打断。因此，有的时候，凯凯实在忍不住了，就对着妈妈说："你就不能让我一个人待一会儿吗？"

听到凯凯这样的话，妈妈先是一愣，接着感到有些伤心，妈妈觉得自己想要和孩子建立良好的关系，想要多关心一下孩子，想和孩子说说话，为什么孩子会把自己往外赶，想要一个人待一会儿呢？是孩子讨厌自己了吗？还是自己哪里做错了，让孩子生气了呢？以前的时候，凯凯可是从来没有这样对待过自己啊！

相信有很多父母会遇到这样的情况，自己忙前忙后想要让孩子更加舒服一些，或者想跟孩子说说话，想要多了解一些孩子的情况，但是孩子却希望能自己待一会儿，好像很烦自己的父母一样。其实，任何年龄段的人都需要独处的时间，并不是只有大人才会有这样的需求，孩子也是需要的，父母也不用担心，孩子只是在思考，或者他们需要安静的环境，等他们思考完了，自然还是会喜欢和父母说话的。

当然，父母不要以自己的眼光来判断孩子的行为。可能孩子感兴趣的事物，有很多在父母的眼中是平凡无奇的东西，但是在孩子的眼中它们却充满了吸引力。因此，父母不要自认为没有意思的事情就不让孩子去做，不要限制孩子的活动，除非是对孩子有危险的事情，否则父母应该尊重孩子，让孩子自己去探索。

当然，父母在给孩子留下独处的空间的时候，应该让孩子明白他们也要尊重父母的独处权利。因为，现在有很多的孩子特别黏父母，他们离开了父母便会又哭又闹。这样的孩子更需要独处，父母可以和孩子设立一些约定，让孩子知道父母也希望在忙了一天之后能够有放松的独处时间，这是每个人都有的需求。父母并不是整天都要围着孩子转，孩子也应该学着自己想办法去探索周围的世界。可能刚开始的时候，父母和孩子约定留给彼此独处的时间很短，只有5分钟或者10分钟，在孩子慢慢习惯之后，双方可以再按照具体的情况延长独处的时间。

父母给孩子足够的独处时间，让孩子可以到处游玩和闲逛，或者孩子可以自己在房间中思考，这样孩子可以不断发现和开发更多新奇的事物，不过，在这个

过程中，父母也要保证孩子的安全。在家中父母要尽量让孩子远离尖锐的物品和电器。当然，孩子在家里独处的时候，父母可以给孩子提供一块小黑板或者一张纸，让孩子可以随时将自己的所思所想写出来。

### 孩子要求独处父母怎么办

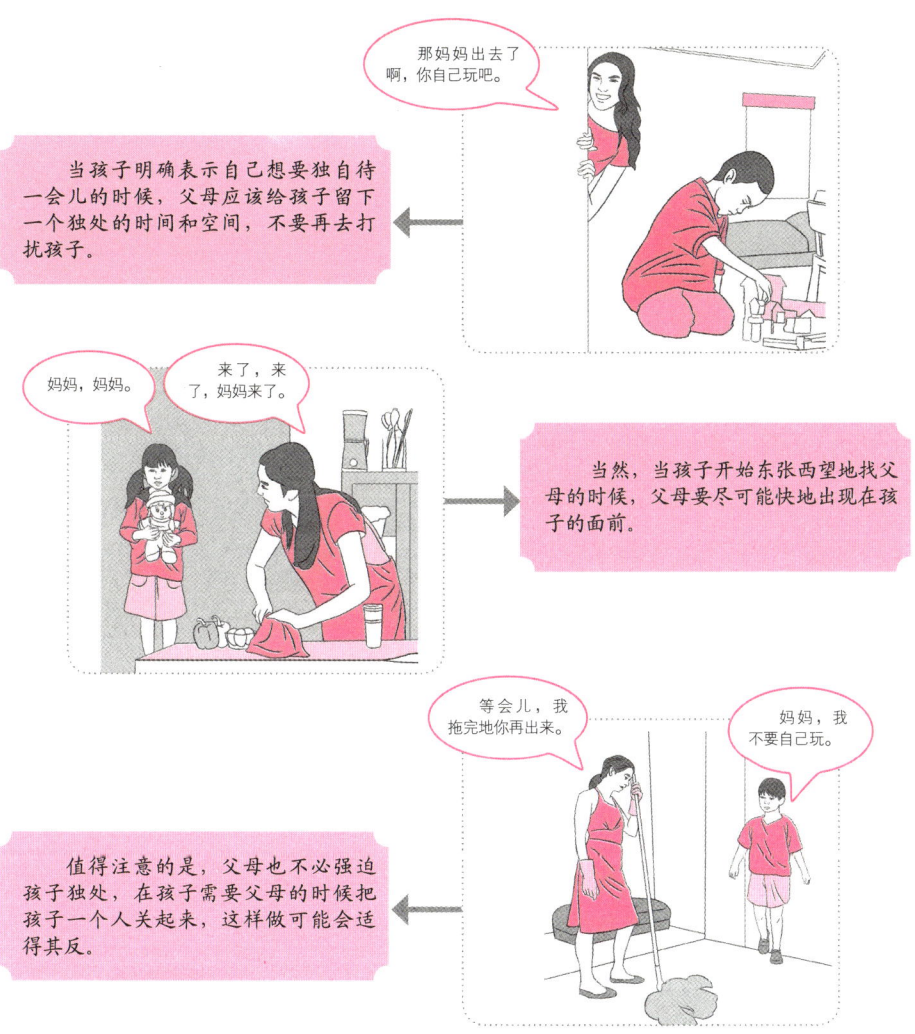

当孩子有独处的需要时，父母要给孩子一个拥抱或者一个微笑，告诉孩子自己就在不远处，并关注着他，这样孩子才会更加放心。

## 孩子想要自己去旅行

现在很多父母觉得自己不理解孩子的想法，不明白孩子整天都在想什么。确实，现在的孩子很多也都觉得自己的父母根本就不理解自己的想法，有的孩子甚至想：爸爸妈妈根本就不信任我，总是把我当成小孩子看待，以为我不能自己照顾好自己。但是孩子觉得自己已经长大，已经是大人了，不用什么事情都听父母的安排了，所以，他们想要摆脱父母的监管，想要过自己向往的生活。于是，有的孩子提出想要自己出去玩，也就是自己去旅行。孩子认为现在的科技发达，通信方便，所以爸爸妈妈根本就不用担心他们的安全。但是父母却不这样想，父母除了考虑孩子的喜好，父母更担心孩子的安全，这是孩子自己并不太注意的地方。孩子总是把自己当作大人，认为自己已经足够强壮，可以应对外面世界的风险，有些孩子甚至对社会上的危险完全没有概念。这也就难怪父母会担心孩子的安全问题，而不让孩子自己出门或者独自旅行了。

但是，孩子到了青春期以后，心理逐渐成熟，自我意识不断增强，有了很多自己的想法，开始怀疑父母的一些思想。为了彰显自己的独立意识，孩子开始和父母对着干，开始出现逆反心理。这些都是孩子在青春期大多会经历的一些事情。而且，这个时期的孩子由于心理需求不被父母所理解，自己也开始想要摆脱父母的束缚。于是有的孩子开始想要外出呼吸自由的空气，还要求要自己一个人外出旅行，父母当然以不安全为由阻止孩子，孩子和父母都坚持己见，于是亲子之间就会出现一些矛盾。

当然，孩子的想法有时和父母的想法并不相同，有很多孩子想要一个人出去旅行是为了缓解压力，也有很多孩子想要独自旅行只是觉得一个人旅行十分新奇。大家都应该明白，孩子的好奇心理自小就有，就因为这种好奇心理的存在，才让孩子主动探索到了很多知识。但是现在孩子长大了，他们探索知识的范围也在不断扩大，所以他们才有了想要自己出去旅行的想法，想要有一些别样的经历。孩子在成长到一定的阶段时，有了自己的想法和看法，对外面的世界也开始

有了自己的理解。同时，孩子更有探索未知世界的好奇心和欲望，再加上自我意识的驱使，孩子很有可能会想要一个人出去旅行，这样既能满足自己探索世界的好奇心，也能锻炼自身的能力。

### 如何应对孩子提出一个人旅行的要求

当孩子提出要一个人旅行的要求时，建议父母首先要问清楚孩子这样做的目的和理由，再让孩子制订出详细的计划和行程，并询问孩子当遇到某些突发状况时要怎么办。

**让孩子每天都打电话报平安**

如果孩子都有明确的计划，并思维流畅，父母也是可以放心让孩子去独自旅行的，但是要保证孩子的安全。

盈盈来了啊，你妈可跟我说了啊，白天你自己玩，晚上可要到我家去住。

让孩子去有亲戚朋友住的地方旅行，这样也好有个照应。

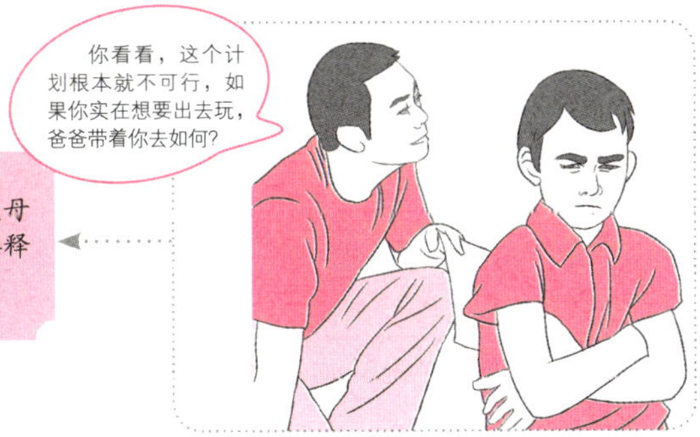

你看看，这个计划根本就不可行，如果你实在想要出去玩，爸爸带着你去如何？

如果孩子制订不出明确的计划，父母就要劝说孩子取消旅行，但是要和孩子解释清楚。

如果孩子一意孤行，父母可以给孩子讲述类似的例子，让孩子明白问题的严重性，也可以各自退一步，父母带着孩子游玩，并在玩耍时给孩子留出私人空间。

所以说，孩子的想法普遍还是好的，父母对此应该报以理解的态度，因为这是孩子正常心理需求驱使的结果，父母应该对此感到欣慰，孩子提出这样的要求，说明孩子对世界有探索的欲望，并且能够自立。当然，父母的担忧也是可以理解的，毕竟孩子还太年轻，在很多事情的处理上孩子还是不够成熟和稳重的，再说孩子的自我保护意识也不够强。不过，父母也不必一竿子打死孩子的这种要求，而是可以和孩子好好交谈一下，说清楚自己的顾虑，让孩子了解自己的苦心。

---

依依今年刚刚升入初二，学习的课程增多了，妈妈也发现了原本还算是比较开朗的依依最近总是心事重重的样子，最近一次月考的成绩也不是很理想，依依就有些受到打击了，在家里说话也少了，妈妈喊她出去逛逛街她也不愿意出去，整天把自己关在房间里学习，可是经过一个月的学习，依依再次月考的成绩还是不理想。依依可能有些受不了这样的结果，心情烦躁，却又不知道该和谁吐露心事，以前还和妈妈无话不说的依依，自从上初中以后也逐渐不愿意和妈妈聊天了。因为她觉得自己的很多想法妈妈都不理解，两个人很难说到一块去，妈妈总是把自己当成小孩子，可是自己已经是中学生了，已经不是小孩子了。

后来，依依听到有同学自己出去游玩，不仅玩得特别开心，还能放松心情，依依羡慕不已，想到现在的自己，的确也很适合出去散散心。于是，就和妈妈提出想要出去旅游的想法，她也不去远的地方，只是去市周围就可以了。开始的时候妈妈以为是依依想和爸爸妈妈一块出去，就和依依商量去哪里好，但是依依说是自己想出去玩，不是和爸爸妈妈一起。一听依依独立旅游的想法，妈妈立刻就否决了，先不说去的地方远不远，光是依依的安全问题妈妈就十分不放心，妈妈认为依依是个女孩子，而且今年也才12岁，根本就没有安全意识，也没有能力判断别人是好是坏，自己出门太危险了。

但是依依却告诉妈妈："我已经不是小孩子了，有足够的能力应付外面的事情，你就让我去吧，我一定会注意安全的。反正我现在也没有心思学习，你就让我一个人出去走一走，散散心，我也可以更投入地学习啊。"虽然说出去玩一下确实可以释放依依的学习压力，但是妈妈还是不同意依依一个人出去，必须由爸

爸或者妈妈带着依依出去才可以。而依依却觉得如果和自己的爸爸妈妈一块出去，就没有了释放压力的意义了，爸爸妈妈肯定会唠叨自己。于是妈妈和依依互不相让，母女两个人也陷入了冷战之中。

## 排解压力的方法

孩子很多时候是因为学习压力太大才想到出去放松心情，那么父母也可以帮助孩子找到一些排解压力的方法，让孩子明白并不是只有旅游可以缓解压力。

**1.锻炼身体，参加体育活动**

体育活动可以降低孩子肌肉的紧张度，帮助孩子放松，消耗因紧张而释放到血液中的多余的糖分。

我最近好烦啊……

**2.和朋友或值得信赖的人聊天**

谈心是缓解孩子学习压力的好方法，能减少压力对孩子心理健康的影响。

**3.和同学们策划一些有意义的事情**

比如和同学一起策划一次郊游、一次演讲比赛等，这能使孩子对未来怀有一份期望，能积极面对学习压力。

缓解压力的方法千千万，父母帮助孩子找到合适的缓解压力的方法，不仅可以解决孩子一个人外出旅游的问题，还能帮助孩子在以后的学习中学会合理解压。

就上面的例子来说，初二的孩子因为课程增多导致学习上有压力是非常正常的事情，但是压力若不能得到很好的排解，很有可能会对孩子造成困扰并危害孩子的心理健康。孩子想要一个人出去走走也是可以理解的，但是孩子一个人出去玩，父母肯定不会放心。父母可以和孩子商量出一个折中的办法，既然孩子不愿意和父母一块旅行，而父母又担心孩子一个人出去会有危险，那么父母可以和孩子商量让孩子和几个同学结伴旅行。压力大家都有，但是有压力才有动力，父母要让孩子学会采取合适的方法来缓解压力，况且独自旅行并不是解压的唯一办法，父母还可以帮助孩子找到更多的排解压力的方法，这样孩子就可以不用去旅行也一样可以排解自身压力，从而好好学习了。

当然，如果孩子坚持提出自己去旅行的要求，父母也不用太慌张，要根据孩子的具体情况采取不同的应对方法。如果自己的孩子在现实生活中思维缜密，并且行动力和自理能力都很强的话，父母也是可以允许孩子到比较近的地方去旅行的，但是父母也要嘱咐孩子并保障孩子的安全。如果孩子的自理能力并不强，思维也不够缜密，父母则不要轻易答应孩子的要求，但是也不要以激烈的言辞反对，父母最好能让孩子主动意识到自己还没有足够的能力单独应对突发状况，只有在自己积累足够的经验之后，才有能力一个人旅行。父母要与孩子心平气和地沟通和交流，不要严厉斥责或者小看孩子的想法，父母要逐步正确地引导孩子认识自己，并让孩子对整个社会有更加全面而成熟的了解。

## 孩子竟然说"说了你们也不懂"，怎么办

孩子非常在乎父母是否真的关心自己，也希望父母多关心自己，当孩子心里有疑惑和不解的时候，他们第一时间想到的询问对象也就是自己的父母。所以，很多孩子小的时候都喜欢缠着自己的爸爸妈妈问这问那，就好像孩子的脑袋里面装着十万个为什么一样，而父母就是他们的百科全书，好像无论是什么样的困难

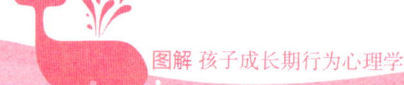

和问题，只要有父母的帮助，就都可以迎刃而解一样。

但是随着孩子年龄的增长，孩子找父母问问题或找父母倾诉的情况越来越少了。一方面是因为孩子在成长，他们逐渐明白了很多事理，而且孩子的心理逐渐成熟，他们认为自己已经懂得很多了，没有必要再向父母请教了；另一方面，父母该反省一下在孩子前来提问的时候是不是自己没有专心给孩子解答疑惑，没有静下心来倾听孩子的心声，这才导致孩子再也不愿意把心扉对父母敞开，和父母进行沟通了呢？

很多父母都以自己很忙为理由拒绝孩子，从而忽视了孩子在成长期的心理需求，使得孩子觉得父母不理解自己，而父母又觉得现在的孩子不理解父母，不愿意和父母沟通。曾经有一份心理调查问卷对100名学生做了调查，调查结果中，认为父母理解自己的学生仅占44%，有56%的学生认为父母并不理解自己，这56%的学生中有10%的学生更是认为父母"根本不能理解自己"。许多学生都认为父母只是关心自己的成绩而并非关心他们本人，而且父母喜欢唠叨这点也让学生不堪忍受。调查发现，许多父母看到孩子没有考到高分就会批评孩子，他们根本不管考试的难易程度不同，也不会听孩子的解释，只是唠叨和强调孩子的成绩。这也难免会让孩子觉得父母不理解自己、不关心自己，父母甚至都没有想要理解和接纳自己的欲望，因为有时候孩子解释了，父母也不相信孩子，还以为孩子是在给自己找借口。

当然，也不排除现在有很多孩子进入青春期以后，开始有了自己的思想，开始有了想要摆脱依赖父母的想法。

心理学家发现，12~17岁这个年龄段的孩子最让父母担忧，是最不省心的。很多这个年龄段的孩子，为了证明自己已经长大了，为了证明自己的思想是成熟的，他们开始质疑自己的父母，认为父母的想法太老土、观念跟不上时代的潮流等。因此，在遇到一些问题的时候，他们不再参考父母的建议。父母与孩子认知上的差距会加剧彼此之间沟通的难度。

当孩子遇到烦恼和困惑的时候，最应该找的就是自己的父母，但是由于代沟

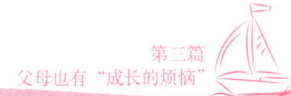

和沟通不畅等原因，有近60%的孩子选择自己解决问题，其中又有将近一半的孩子表示遇到烦恼只会"闷在心里"。还有的孩子用看小说、玩游戏，甚至自虐的方法来排解困扰。我们相信父母都是善意的，都是为了孩子能够更好地成长，也许有的父母想法老土，跟不上孩子的潮流脚步，但是父母的初衷一定是为了孩子

## 不同年龄段的子女和父母的关系

成长期的孩子与父母的关系可分为三个阶段：

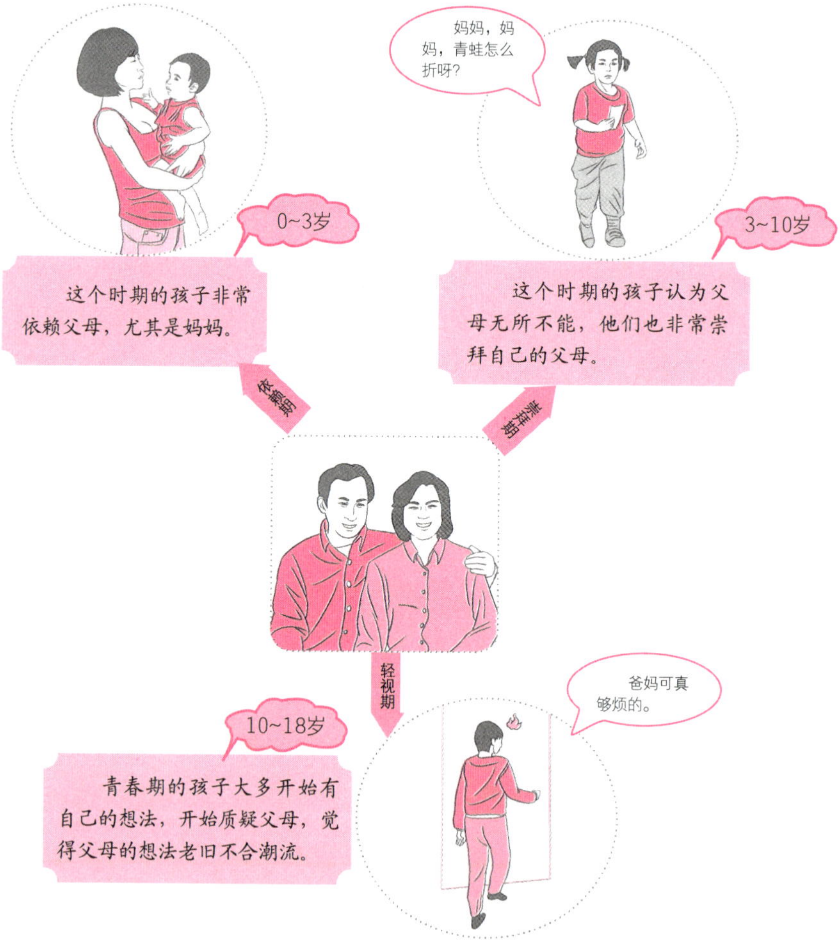

**0~3岁**
这个时期的孩子非常依赖父母，尤其是妈妈。

**3~10岁**
妈妈，妈妈，青蛙怎么折呀？
这个时期的孩子认为父母无所不能，他们也非常崇拜自己的父母。

依赖期　　　崇拜期

**轻视期**

**10~18岁**
青春期的孩子大多开始有自己的想法，开始质疑父母，觉得父母的想法老旧不合潮流。

爸妈可真够烦的。

好的。因为父母和孩子的想法不一样，或许有的时候父母有些过于强势，再加上孩子正处于青春期这样的一个叛逆时期，所以彼此互相不理解、不退让，这样只会让孩子离父母越来越远，孩子逐渐不再信任父母，有的时候孩子还会说一句"说了你们也不懂"父母与孩子间的将对话完结在刚刚开始的时候。

茜茜今年13岁，已经是个中学生了，她经常和自己的好朋友一起玩，一起交流心得。但是对于自己的爸爸妈妈却十分冷淡，几乎没什么事情她不会和爸爸妈妈说上几句话，有的时候，妈妈想要茜茜陪着自己出门逛逛街，但是茜茜总是会一口回绝说："我们的眼光不一样，你还是自己去逛街吧。"茜茜每次回到家都是在自己的房间里面玩电脑，或者和自己的朋友聊天，妈妈想要了解一下她最近的学习情况，茜茜不耐烦地回说："就知道问学习，你能不能问点别的内容啊？"茜茜根本就不回答妈妈的问题。妈妈觉得茜茜都上初二了，课业应该很紧张了，就不让茜茜玩电脑，让她多学习，茜茜却说现在谁还看书学习的啊，都是用电脑来学习，说妈妈太老土了，什么都不懂就知道瞎指挥。

有一次，茜茜的好朋友妞妞来找茜茜玩，茜茜就跟妞妞抱怨自己的妈妈一点也不理解自己，她简直没有办法和妈妈沟通。茜茜说："我妈不爱看书，我给她看我最喜欢的《青年文摘》，她却责怪我不好好学习，净看些没用的书，你说这书能没用吗？她就是什么都不懂，她还把我的课外书都没收了，美其名曰这些都是闲书，不利于我好好学习。她从来就不顾及我的感受，总是强迫我干这干那，小时候强迫我学画画、练琴，现在又监督我学习，我跟她说什么她也不懂，就是老一套！"妞妞则是一副很懂的样子说："我太理解这种感受了，我妈也是这样，总是不分青红皂白就下结论，还不让我解释，时间长了我也懒得解释了，她爱怎么想就怎么想吧。我跟她真是不能沟通，现在我都懒得跟她说话了。"

父母如果听到自己的孩子这么评价自己，会有什么感想呢？父母总是认为自己做的一切都是为了孩子好，认为自己吃的盐比孩子吃的米还要多，所以认为自己可以理所应当地替孩子决定一切，可以命令和强制孩子做事，还觉得这是为了

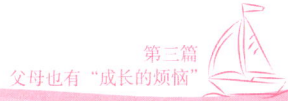

孩子好。但是父母想过孩子的感受吗？当孩子和父母说出"你们都不理解我！说了你们也不懂"的时候，孩子就已经对和父母沟通产生厌倦和排斥了，父母是不是应该反省一下自己，想想自己是否错过了和孩子好好沟通的机会呢？当孩子希望和父母倾诉衷肠的时候，父母是不是会借着自己很忙或者很累的理由，将孩子一把推开？或者根本不听孩子的话，直接下判断？这样的次数多了，孩子自然不愿意再和父母沟通了，因为孩子觉得没有人愿意静下心来认真听他们说话。

### 如何跟上孩子的脚步

很多处于青春期的孩子不愿意和父母交流的其中一个原因就是：父母思想老旧，已经跟不上孩子的思想脚步，因此，父母可以这样做：

**1.和孩子一起探讨时尚**

主动去学习、了解孩子感兴趣的知识，和孩子有了共同的话题后，孩子自然愿意和你沟通。

**2.家庭教育与时俱进**

不要再简单粗暴地命令孩子怎么样做，父母应该了解孩子的思想，关注孩子的想法，合理引导孩子。

其实，父母想要让孩子和自己多沟通，最好的方法就是父母要蹲下身来，和孩子建立一种平等的朋友关系，让孩子的世界真正接纳父母。

当然，为了和自己的孩子能够有效沟通，避免孩子说的父母却不懂，父母也应该紧跟孩子的脚步，多学习现代知识，这样父母才能和孩子无障碍地沟通。为了和孩子保持良好的互动，父母应该多抽出时间陪伴孩子，并让孩子感受到父母的关心和关注，这样才能让孩子更有安全感。比起物质，孩子更需要父母精神上的关怀，父母要及时发现孩子情绪上的波动，并多与孩子谈心。当然，在谈心的时候，父母也不要总是站在自己的角度上思考问题，而是应该多询问孩子的意见，不要让孩子觉得自己被忽略了。

父母在和孩子沟通的时候，不要预设自己的立场，要将自己放到孩子的位置上，以孩子的思维方式来思考问题，让孩子觉得自己是被理解和接纳的，之后再对孩子提出一些比较委婉和中肯的意见，关键是父母的言行举止不能让孩子反感。在沟通时，父母可以先保持多倾听少说话的原则，不要在孩子说话的时候打断孩子，免得孩子心里产生顾虑。在孩子受了委屈时，父母要及时安慰孩子，让孩子感受到自己的关爱，从而化解孩子心中紧张和不快的情绪，使孩子建立积极的人生观和价值观。

## 为什么孩子总是不理解父母对他的好

很多父母觉得自己做的每一件事都是为了孩子好，但是很多时候孩子却并不领情。其实，这只是父母和孩子之间的沟通出了问题。如果父母和孩子沟通不好的话，很容易就会出现父母觉得孩子一点也不理解自己，而孩子反过来也觉得父母不懂自己这样的现象。这是因为双方站在不同的立场，而且他们生活和成长的背景都不同，所以父母和孩子之间很容易就会出现代沟。尤其是当孩子进入青春期以后，他们的心理逐渐成熟，自我意识的增强使得孩子试图独立，并坚持己见，这时孩子和父母可能会有不同的想法，如果双方不进行良好的沟通，都只是按照自己的想法行事，那么他们之间必然会产生矛盾和误会，双方可能都会认为

对方不理解自己。有很多时候，父母仗着自己年长、经验多，或是觉得自己有权威，就武断地替孩子做决定，认为自己比孩子思考得更全面，而且自己这么做正是为了孩子好，这本是无可厚非的事情，孩子有什么理由不听自己的话呢？

但是父母却忽略了一点，孩子已经长大了，孩子的心理已经产生变化了，孩子开始有了自己的想法，而且孩子认为自己的想法是正确的。当父母忽视孩子的想法的时候，孩子就会觉得自己没有受到父母的尊重。在某些情况下，父母认为自己这样做是对孩子好，但是实际情况可能并非如此。父母不是孩子，父母可能并不知道事情发生时的实际情况，如果父母不问孩子的想法就自以为是地替孩子

### 如何更好地了解孩子

父母只有了解了孩子的想法，才能更好地和孩子进行沟通，从而教育好孩子。那么，父母要如何才能够真正地了解孩子呢？

1. 关注并接纳孩子

青春期的孩子爱显摆，爱表现自己，如果父母接纳了孩子的这些行为，自然能够进入孩子的世界去了解孩子了。

2. 尊重和理解孩子

不要再把孩子当成小孩来对待，而应遇事和孩子商量，尊重孩子的意见，平等对待孩子。

如果父母和孩子成了朋友，孩子自然愿意和朋友吐露心事，这样父母就可以更好地了解孩子的想法了。

做决定，难免会引起孩子的反感。只有在双方都认同都接纳时，沟通才是最有效的，这种表达爱的方式才算是成功的。父母自以为对孩子好的事情，在孩子看来却并非如此。因此，父母应该多倾听孩子内心的想法，了解孩子到底是怎么想的，为什么会抵触父母认为的"为孩子好"的决定。或许在听到孩子的解释后，父母会恍然大悟，察觉到自己想法的错误。

所以说，了解孩子是教育孩子的前提。其实，想要了解孩子并不是很困难的事情，父母只要平时多观察孩子的一举一动，关注孩子的情绪变化，认真体会孩子的各种心态，仔细考虑孩子的各种要求，走进孩子的内心世界，这样就不难弄清楚孩子的一些行为与问题了。正所谓"知己知彼，方能百战百胜"，对孩子的一些行为和问题有了清楚的分析和了解之后，父母应该如何与孩子进行沟通，如何引导孩子，就是一件很简单的事情了。

晚晴是一个非常漂亮的女孩，她多才多艺，会跳舞，还会弹钢琴，到了初中以后，晚晴的钢琴演奏水平已经非常高了，很多同学都听过晚晴弹琴，大家都说她跟电视上的演奏家一样厉害。虽然，大家有些夸张，但是晚晴的确是个非常有音乐天赋的优秀人才。晚晴自己也非常希望能有更好地发展，但是爸爸妈妈都希望晚晴能在学习上下工夫，而不是在这些才能上。

初中之后，晚晴的课业负担就重了，便没有那么多的时间来发展自己的兴趣爱好了。而且爸爸妈妈也对她的学习有很大的期望。学校里有专门的老师教钢琴课，愿意学的学生可以去学，这样考高中的时候还可以加分。晚晴也想去学，但是爸爸妈妈坚决不同意，认为只有学习好才是真本事，那些特长都是些旁门左道，不值得一提。于是，晚晴经常偷偷在放学后跟着学习钢琴的同学到琴房去练习，为此有好几次晚晴的作业都没有完成。后来爸爸发现了晚晴的秘密，结果在家好好教育了晚晴一番，晚晴觉得自己的爸爸妈妈十分不理解自己，不尊重自己的爱好和选择。于是，她就不再听爸爸妈妈的话，而是经常不上课去跟同学们练习钢琴，她的成绩也下滑了很多。

在一次期末考试之后，晚晴的成绩已经落到了班里的后段，爸爸妈妈整个暑

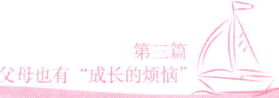

假都把晚晴关在家里，不允许她外出，让她在家里学习。有同学来找晚晴玩，爸爸妈妈也不让晚晴出去，晚晴觉得自己在同学面前非常丢脸，爸爸妈妈实在有些太过分了。当天晚上，晚晴就用不吃饭来向自己的爸爸妈妈表示抗议，但是爸爸妈妈却觉得晚晴不知悔改，而且以为饿孩子一顿两顿也没有什么关系，他们就没有管晚晴，晚晴觉得自己的爸爸妈妈一点也不关心自己，只是想让自己学习好给他们争面子。于是当天晚上晚晴就割腕自杀了，等爸爸妈妈发现的时候，晚晴已经没有了呼吸。

如果晚晴的爸爸妈妈不再固执，如果他们对孩子有足够的了解，发现孩子的特长，并鼓励孩子发挥自己的特长，去追求自己的梦想，结局也许就会不一样了，晚晴也许会大展身手，走上舞台，取得辉煌的成就。正如一位心理学家所说："成功就是选择，一个人如果选择了适合他的道路，他就会成为天才，成为幸运儿。但如果一个人选择了不适合他的道路，他也许就成了蠢材，甚至成为一个悲剧。"晚晴的命运就是如此，由于她的父母为她选择了一个不适合她的道路，让她的天赋无处施展，最终导致了她选择自杀这样一个悲剧。

所以说，教育孩子的前提是了解孩子，这是教育最基本的原则。孩子的成长是有规律的，孩子的心理是不断发展的，虽然孩子是千差万别的，但是教育的原理却是相同的，那就是要根据孩子的心理特点来进行培养。

所以，在父母和孩子的沟通出现问题的时候，父母一定要先反省自己，是不是自己没有尊重孩子，是不是自己没有询问孩子的想法就替孩子做了决定。如果父母以为孩子年龄小，没有自己的想法，所以就直接为孩子做了决定，或者命令孩子做事情，孩子会认为父母不尊重自己从而产生逆反心理。此时，父母或许就会觉得自己明明是为了孩子好，孩子为什么就是不理解呢？父母作为成年人，具有分辨是非的能力，但是孩子的年龄小，在遇到问题时他们可能确实没有父母考虑得全面，但这并不是说父母就是权威，父母一定就不会出错。孩子有自己的想法，父母不妨让孩子自己去尝试，不要以权威的口吻否定孩子的想法，更不要以

"我是为了你好"的理由来强制孩子听自己的话。当然，如果孩子要做的事情具有危险性和不可执行性，父母可以平心静气地和孩子沟通，向孩子耐心地解释自己拒绝的理由，从而以理服人。

### 如何和孩子沟通

很多时候父母和孩子的关系紧张只是因为彼此的沟通出了问题，只要双方的沟通好了，亲子关系也就好了。

**首先 倾听孩子的想法**
父母不要觉得自己的想法就一定对，而应先听听孩子的想法，也许孩子的想法也很不错。

**其次 站在孩子的角度思考**
双方不妨互换角色进行小游戏，让孩子体会到父母的艰辛，也让父母理解孩子的想法。

总之，孩子和父母都觉得对方不理解自己是很常见的现象。对此，父母要和孩子将心比心，多站在孩子的角度思考问题。父母作为成人，也要体谅孩子，多给孩子正确的引导。

# 孩子经常跟父母唱反调

孩子在小的时候，还没有自己的想法，他们的心理发育也不成熟，自我意识薄弱。所以，小时候的孩子大多都很听父母的话，父母也已经习惯了孩子听从自己的命令。但是，从孩子3岁之后，他们就会逐渐形成自我意识，3~6岁时，他们会进入心理发展的第一个"叛逆期",孩子的自我意识逐渐萌芽,越来越有主见,他们对父母的指挥和安排开始产生质疑,不再一味顺从。这时就会出现很多令父母头疼的现象:孩子开始闹独立,你让他往东,他偏偏就往西,处处与父母唱反调。

等孩子过了这段时期就会又变得顺从起来,但是等孩子到了七八岁的时候,他们又会经历一次"叛逆期",都说"孩子七岁八岁讨人嫌",的确是这样,七八岁孩子的自我意识进一步发育,他们在好奇心的引导下开始独自探索这个世界,开始试图挣脱爸爸妈妈这样那样的要求,为了显示自己的独立性,他们就开始与父母或者老师对着干,这就是孩子经历的第二次"叛逆期"。

还有很多父母会有这样的体会:孩子进入中学以后,似乎长了许多的"本事"。有的孩子越来越不听话,脾气倔强,一句话不如意就会和大人吵起来;还有的孩子与父母对着干,甚至这种情况还会持续很长一段时间。孩子这段时间的叛逆行为比小的时候更为严重,持续的时间也更长,因为这个年龄段的孩子的心理已经逐渐成熟起来,他们有了自己的思想,认为自己已经是大人了,不需要父母时时刻刻对自己耳提面命了,希望父母把自己也当成大人来对待。然而,孩子在父母的眼中始终都是小孩子,而且父母也已经习惯了什么事情都替孩子做决定,于是父母就会发觉孩子太叛逆,心理学上把孩子的这段时期称为"逆反期"。

孩子"叛逆期"的到来,是他们的生理、心理快速发育的结果。心理的发育使孩子自认为自己已经长大,凡事想独立、想自己决定,所以当孩子面对紧张的学习、升学的压力以及父母那无休止的催促行为时,就会产生逆反心理。心理学家认为,孩子的这种逆反心理其实就是对父母权威的挑战和反抗,以及对自我独立人格的追求。

一般来说,孩子在成长的过程中都会经历这样的三次"叛逆期",在这三次"叛逆期"中孩子会经历三次大的心理上的变化,这是孩子逐渐成熟的标志。而这其中最重要的就是孩子青春期时的"叛逆期",孩子的这次叛逆持续的时间最长,对孩子的成长影响力也最大。对于孩子和父母来说,青春期都是令人烦恼的时期。当然,想要孩子在这个时期成长得更好,父母在孩子这一时期起到的作用

也十分重要。正如某位德国儿童心理学家说："父母在这个过程（青春期）中的作用就像蹦床的床面，因为为了能够找到自我，青少年必须首先把那些比他们更有权力、有关系的人重重地震动一次。"所以，对于"叛逆期"的青少年来说，父母应该对其心理加以正确引导，这将使他们终身受益。相反，如果父母处理不好，将会影响孩子的心理发育和健康成长。

### 孩子产生逆反心理的原因

由于孩子的好奇心比较强，求知欲旺盛，他们喜欢追求新鲜的东西，但是父母会觉得心烦，认为孩子是在与自己对着干。

父母过于唠叨，孩子的年龄较小没有耐心，对父母的唠叨会产生厌烦的情绪，从而产生逆反心理。

父母望子成龙心切，不顾孩子的意愿，只关注孩子的行动，这也会让孩子产生逆反心理。

由此可以看出，父母如果不了解孩子的心理，只是一味管教孩子，就很容易使孩子产生反抗情绪。因此，父母应该尽量避免使用粗暴的管教方式，应该尊重孩子的心理需求。

紫琪马上就要上初二了,她是个刚刚进入青春期的小女生。但是,原本乖巧听话的紫琪最近却让父母十分担心,从初一的暑假开始,紫琪就像是变了一个人一样,经常一个人闷在房间里面上网、玩游戏,对父母不理不睬的,紫琪以前可不是这样的啊。爸爸妈妈还以为紫琪有什么心事了,妈妈本想找紫琪好好谈一下,但是紫琪却不让妈妈打扰自己玩游戏,每次都把妈妈推出她的房间。

前几天的时候,妈妈有事情找紫琪谈,妈妈想要和紫琪商量一下开学后给紫琪报个周末课程辅导班的事情,因为妈妈听说初二开始孩子的课程就多了,学习压力就大了,妈妈担心紫琪会跟不上老师上课的节奏。但是妈妈还没说几句呢,紫琪就有些不耐烦了,说:"报什么班啊,你还嫌我现在不够忙吗?"妈妈说:"你现在忙什么?整天就是玩游戏,等开学之后可不能这样玩了啊。"紫琪却说:"怎么不能玩,你懂什么,现在的学生都玩,我要是不玩,到时候去学校和同学们聊什么呀?"妈妈觉得紫琪的想法就不对,对紫琪这样没大没小的和自己说话也有些生气,就说:"你这孩子怎么说话呢?你怎么这么不知好歹呢?妈妈做什么还不都是为你好吗?"没想到,紫琪一听妈妈这样说,直接站起来冲着妈妈吼道:"对,我就是不知好歹,你赶紧出去,不要打扰我!"说着就把妈妈推了出来。还在自己的房门上贴了"请勿打扰"几个字,这让爸爸妈妈十分生气。

从那天开始,紫琪更是变本加厉,无论妈妈说什么,她都要和妈妈唱反调。妈妈觉得她还没有小的时候听话呢,都说孩子七八岁的时候最讨人嫌,但是紫琪小的时候并没有多叛逆,没想到现在却变得如此叛逆。

生活中,有很多孩子的言行比案例中的紫琪更加逆反,他们总是处处与父母对着干,不愿意和父母沟通,有的时候父母说一句,他们就顶十句。如果父母坚持己见,孩子也不退让的话,双方的关系很容易就会恶化。

其实,青春期孩子的情感起伏比较大,父母根本就难以驾驭。他们有了自己的喜怒哀乐,也不愿意和自己的父母分享,父母对孩子不再了解,他们还以为孩子小不懂事,便时时处处管着孩子,孩子就会埋怨父母不理解自己。如果父母教育孩子的方法不得当,比如对孩子的事情刨根问底,或者对孩子漠不关心,这样

图解 孩子成长期行为心理学

都会增强孩子的反抗情绪。父母应该放下架子，与孩子平等相处，当孩子的知心朋友，争取成为孩子吐露心事的对象。

当然，父母也要明白，孩子的逆反心理对他们自己并不是只有消极影响。孩子产生逆反心理是十分正常的现象，这说明孩子开始具有独立意识，而且孩子处处与父母唱反调，说明孩子的好胜心强，这些对孩子未来的发展很有好处。父母若能好好引导孩子的这种心态，开发孩子的创造性思维，让孩子思开拓、思进取，那么他们会发展得更好。但是，孩子在逆反期若得不到父母正确的引导，则可能会变得以自我为中心、多疑、偏执、不合群等，从而对孩子日后参加集体生活产生消极影响。因此，当孩子忤逆父母的安排时，父母要先搞清楚孩子的心理，了解孩子这样做的具体原因究竟是什么。

### 如何应对孩子的逆反心理

孩子出现逆反心理，几乎是每个父母都会遇到的问题，那么面对孩子的这一心理，父母应该怎么做呢？

**1.把命令改为商量**

以商量的方式解决问题，即使商量失败，但感情氛围会增强，这有利于以后双方的沟通。

**2.不妨让孩子吃点"苦头"**

青春期是形成独立意识的关键时期，他们小错难免，父母应该允许孩子犯点错，不要过分束缚孩子。

总之，对于"逆反期"的孩子，支持要比压制好，商量要比命令好，另外，只要孩子的想法合理，父母要给予孩子全力的支持。

# 第三章 曾经的乖孩子变样了

## 孩子竟然早恋了

早恋，指的是未成年人或者生理、心理未成熟的男女建立恋爱关系或对异性感兴趣、痴情或暗恋，一般指18岁以下的孩子之间产生的爱情，特别指在校的中小学生。调查表明，在中学阶段没有对异性发生过感情的人很少，但大多数感情都是暗恋、单恋。

早恋是孩子在性心理发育的基础上，将心理活动转化为行为的实践。然而，一般人认为早恋会给孩子带来很多的问题，如影响孩子的身心健康和学业成绩等，尤其对于女孩的影响更为明显。也有人会认为早恋是孩子对男女关系的探索和学习，他们是在为将来的恋爱和婚姻做准备，不宜过分禁止或压制。

儿童时期的男孩女孩喜欢跟父母在一起玩耍。父母陪他们、哄他们，买玩具给他们，使他们开心。然而，当孩子长大一些之后，他们就不愿意跟父母在一起玩了。如今的孩子大多是独生子女，家里没有同胞的兄弟姐妹，他们跟谁去玩呢？他们自然就会在家庭之外找同龄的伙伴玩了，比如同学、邻居家的孩子，当然他们最主要的玩伴还是同学。如果他们的玩伴来自异性圈子，这就让孩子感到格外新鲜、欣喜、兴奋甚至难舍难分。从旁观察的父母内心就会有一种莫名的担忧：是不是孩子有点太早熟了，还是孩子已经开始学坏了呢？其实，从孩子成长

的角度来看，十一二岁的男孩女孩开始体验异性之间的友情，这是十分自然、甚至是必需的事情。那些处在花季的少男少女，如果他们压根儿没有与同龄的异性朋友交往的兴趣和能力，那倒是一个值得父母重视的问题了。

### 帮助孩子学会和异性相处

青春期的孩子开始关注异性，他们开始渴望接触异性。但是这个时期，如果把握不好分寸的话，孩子们很容易跨越友谊，品尝早恋的苦果。所以，父母应该帮助孩子学会如何与异性正确相处：

1.树立共同的理想
青春期的孩子应该以学习为重，同学之间相处也应该共同学习，积极实现自己的理想。

2.讲话要有分寸
青春期的孩子爱玩爱闹，但是父母要告诉孩子，他们和异性交往时要注意说话的分寸，要尊重对方。

3.广交朋友
父母应该让孩子广泛交友，不只是和一位异性同学交往，这样就既可以让孩子学会与人相处，又能分散孩子的心思，避免早恋的发生。

家庭教育对孩子的影响深远，父母应该在孩子进入青春期后及时给孩子正确的有关性知识、性心理的教育，从而有效预防孩子的早恋行为。

所以说，随着年龄的增长，异性同学之间接触的机会增多，少男少女之间产生了纯洁的友谊是一件极为正常的事情。异性同学之间的友谊也是非常可贵的，这种友谊不仅有助于男女同学互相学习、共同进步，而且也有助于中学生提高与异性相处的能力，建立良好的人际关系，这对少男少女的身心健康发展都是极为有益的。然而，许多中学生却认识不到友谊与爱情之间的差别，他们往往容易把与异性的友谊当作爱情。中学生的早恋行为实际上只是一种对异性朋友的好感，或者是异性同学之间的友谊。对于这些情窦初开的少男少女来说，他们之间的"恋爱"往往是在不知不觉中发生的，由不得自己控制，用俄国著名作家屠格涅夫的话来说："它是'一种会燃烧的无法抑制的感情'。他们往往会被对方的气质、美貌、健壮的体魄、幽默的语言，或者是雄辩的口才所折服，使自己身不由己地想要同对方接近。这样，两者之间的感情就自然而然地发生了。"这说明，中学生的早恋行为带有一定的盲目性，他们缺乏明确的恋爱目的。种种事例也说明了，中小学生的早恋行为实际上是一种不成熟的"感情冒进"。

李晓峰虽然刚刚13岁，但是他个子很高，喜欢打篮球，打扮潮流，更重要的是他的学习成绩还一直名列前茅，所以，从上初一开始，他就是年级中的风云人物，每次他打篮球的时候，自己班里甚至是别的班的女生都会特意到篮球场，就是为了去多看他一眼，给他加油打气。李晓峰对这种状况已经习惯了，但是他并没有喜欢的女生，每次他故意耍帅，也只是为了迎合这群女生的尖叫而已。

但是，初二下半学期的时候，班里转来了一名女生，长得非常漂亮，长长的头发、大大的眼睛、长长的睫毛，皮肤特别白，爱穿干净的白衣服，她就像一个天使一样降落到了李晓峰的眼前。这就是李晓峰喜欢的女生的样子，文静、美好。那个女生显然也对李晓峰有好感，两个人在相互的吸引中很快就陷入了早恋之中。李晓峰开始讨厌过周末，他每天都盼望着能上学，这样就可以多看那个女生几眼，课下的时候两个人也不学习了，好像有说不完的话一样。

就这样一个学期过去之后，李晓峰的成绩几乎是直线下滑，爸爸妈妈怎么也想不明白孩子的成绩为什么会下滑这么快，他们也没有发现孩子有什么不正常啊，很

多青春期的孩子会有些自卑、有压力，但是自己的孩子很阳光，并没有看他有什么压力啊。于是，妈妈特意到学校去找老师了解情况，老师说李晓峰最近和班里的一个女生走得太近，妈妈一想就明白了，儿子定是早恋了，难怪他的成绩会下降呢。妈妈回家之后就找李晓峰谈话，警告他不要再和那个女生在一起，不准他们再联系。妈妈还给他联系了新的学校，让李晓峰转学。但是一听要转学，李晓峰不愿意了，说要是转学他就直接不上学了。为此，妈妈和他大吵一架。看到儿子这边说不通，妈妈就找到那个女生，希望她与儿子断了。

李晓峰知道自己的妈妈去找那个女生后，又和妈妈大吵了一架，直接摔门而去。原本阳光懂事的李晓峰离家出走了。爸爸妈妈实在不知道该怎么对待这样的孩子了，怎么说孩子才会明白早恋的坏处呢？现在他们连孩子都找不到了，妈妈不明白，孩子到底是怎么了？

从例子中我们可以看出，孩子的早恋行为如果父母处理不当就会引发新的亲子大战。但是为什么孩子持续了整整一个学期的早恋，父母竟然毫无察觉呢？不得不说这是父母的失察，如果父母平时能够多关心孩子，多关注孩子的情绪变化和心理变化，早点预防早恋的发生，也不至于造成这样的后果。当然，青春期的孩子的早恋行为一般比较隐蔽，对自己的父母、老师，甚至是自己的好朋友他们也会守口如瓶，他们之所以会这样隐藏自己的情感，一方面是担心招来父母、老师的反对和训斥，同时也担心同学、朋友的讥笑和讽刺；另一方面，这也与青春期的孩子第一次与异性交往所产生的不安和"心理闭锁"有关。但是，这一特点却让父母很难发现孩子的早恋行为。不过，只要父母细心观察，孩子早恋时一定会与平时有一些不同，比如他们会莫名其妙地笑，他们开始爱打扮，有时会偷偷打电话，父母一靠近他们就会紧张等，这些都有可能是因为孩子正在"谈恋爱"的缘故。

青春期的孩子年龄小，自制力差，早恋行为会给孩子造成很多不必要的伤害。从孩子的角度来说，早恋的孩子都有一个极其复杂的心理活动过程，其间他们既有欢喜，也有百思不解、难以倾诉的苦闷。这些孩子在恋爱的过程中还要承

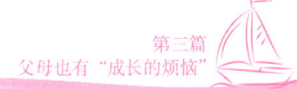

受着父母、老师的压力，同学们的"白眼"，恋人的挑剔和为难，这一切使得心理承受能力本来就弱的孩子无法保持正常稳定的情绪。同时，早恋的孩子课后很难与恋人见面，但他们又抑制不住对对方的思念，这时，有的孩子往往会沉溺于幻想，在幻想中寻求慰藉，得到满足。这些痛苦的心境使得孩子的心理遭受折

### 教孩子合理宣泄失恋情绪

早恋是一颗包着糖衣的"苦果"，只要孩子品尝了就会对孩子造成伤害，那么，早恋到底会对孩子有什么样的伤害呢？

**1.干扰孩子的学习**

孩子把时间和精力都花在了早恋这一行为上，导致大部分早恋的孩子成绩都会下滑。

**2.使孩子产生越轨行为**

孩子的自我控制能力差，在性刺激下很容易控制不住自己的情感而过早与异性发生关系。

**3.可能导致犯罪**

孩子为了能有足够的恋爱花费可能会去偷窃；或因为年轻气盛，不愿在异性面前丢脸，和别人大打出手，以此显示自己的本事。

孩子的早恋影响面广，危害极大，作为父母，应该尽量避免让孩子过早地涉入早恋的区域。

磨,有的孩子甚至因此出现道德观、价值观和世界观的扭曲。

因此,父母应该多关注孩子,及早发现孩子的早恋倾向,及时给孩子讲解青春期的心理知识,让孩子明白自己的喜欢只是对异性朋友的关注,并不是真正的爱情,让孩子能够及时把握自己的情绪,健康地度过这一时期。

## 孩子失恋了,父母该怎么办

有早恋就有失恋,早恋是甜蜜的,但是失恋是痛苦的。而孩子的年龄小,他们的心理尚未发育成熟,有时仅靠自己的能力不能排解失恋的痛苦,他们需要外界的帮助,但更重要的是他们应该提高自己的心理承受力,增强心理适应能力,同时父母也要引导孩子学会自我调节,从而达到心理平衡。

早恋的现象越来越多,失恋的孩子也多了起来。孩子在失恋之后会感到很痛苦,低落的情绪必然会影响孩子的身心健康和学习。父母既然无法禁止孩子去恋爱,那不妨想办法帮助他们走出失恋的阴影,避免他们受到更大的伤害。父母要鼓励孩子正确面对失恋,平稳度过失恋期。

一位哲学家说过:"人只有通过一次真正的失恋的痛苦和折腾,才会进一步成熟起来。"对此,父母要引导孩子正确认识失恋,让孩子面对现实,检点自己的行为,从中吸取经验和教训,促进自己心理的发展和成熟。父母要告诉孩子:"这并不是一件坏事,失恋是一种自然的社会现象,等你长大了,有本事了,你会有更多更好的选择。爱情并不是生命的全部,因为失恋而搞垮自己的身体,影响学业,这是很不值得的。"

当然,在孩子失恋的时候,父母应该想方设法转移他们的注意力,多关心孩子,让孩子感受到家庭的温暖。比如,父母可以利用节假日,或者周末的时间带着孩子出去旅游,或者给孩子做一顿他们最爱吃的饭菜。父母要让孩子知道,即使是失恋了,家人永远是关心他的,使他尽量摆脱心理上的孤单和苦闷之感。当

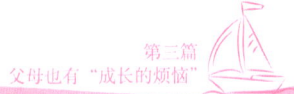

然，父母还要尽量引导孩子将时间和精力转移到学习上来，并告诉孩子："你正处在学习知识的黄金时期，你应该尽可能地把时间放在学习上。恋爱会浪费你的时间，还会伤害彼此，影响你的心态，影响你的学习。"

### 失恋的情绪如何宣泄

失恋给孩子造成的情感压抑是十分严重的，如果不及时地合理宣泄，孩子会出现各种不适应症状。比较有效的宣泄方法有以下几种：

鼓励孩子向亲密的朋友或家人倾诉内心的苦闷和悲伤。

让孩子闭门痛哭一场。

让孩子寄情于山水之间，向大自然宣泄自己压抑的情绪。

当然，最好的宣泄方式是让孩子运用自己的理智，把情感、精力投入能充分实现自身价值的学业中和对生活的热爱上去。

一天，王涛的爸爸到电影院去看《失恋33天》，他说自己是来"审片"的。王涛今年13岁，正是情窦初开的年龄，正在上初中，前一段时间暗恋了班里的一个女生，但是那个女生却对他没什么意思。王涛每天都觉得心里不舒服，总是千方百计对那个女生好，就希望对方能够对自己有所好感。后来，王涛还特意攒着自己的零花钱给那个女孩买了一束鲜花，对那个女生表白了，但是王涛还是遭到了女生的拒绝。本来，王涛性格开朗，是个十分阳光的少年，但是最近这段时间他总是因为失恋而痛苦着。爸爸妈妈想要帮助他走出失恋的痛苦，但是他都不领情。

上周末，王涛回家一直嚷嚷着要去看《失恋33天》，说同学们都看了。听到电影名字，王涛的爸爸觉得怪怪的，于是，他就走进电影院去"审片"了，他想看看这部电影是否适合孩子看。看完电影，王涛的爸爸觉得可以答应儿子的要求，他说："这部片子还是很适合正处于青春期的对感情懵懂的男生女生观看的。恋爱是人生的必经阶段，而失恋也是大多数人都将会遭遇的事情，有准备总要比没有准备要好一点。现在的孩子普遍对爱情都抱有过高的期望，他们一旦失恋会受伤很深，我不希望儿子因此受到伤害。"王涛的爸爸还说他希望通过这部电影，让儿子早日走出失恋的阴影。

后来，爸爸还买好电影票，担心自己陪着孩子可能会影响孩子的情绪发泄，于是就让王涛一个人去看了。但是爸爸还是担心王涛看完后可能情绪会有些波动，爸爸就在外面等着王涛。结果王涛看完之后，他的情绪波动并没有爸爸想得那么严重，他非常平静，眼睛还有点红红的，但是他是笑着走出电影院的。爸爸说："其实我知道你表白被拒绝了，但是其实这并没关系，你还小，以后还会遇到更好的。"王涛笑着看看爸爸说："你说的对，我现在应该整理好心情，好好学习，等待更好的女生。"

这一部电影还真管用，看完电影后王涛的心情好了起来，他又开始在周末和朋友出去打球了，也肯学习了，王涛又变回以前那样阳光的大男孩了。

从上面的例子中，我们可以看出王涛的爸爸是一位十分开明的爸爸，他通过

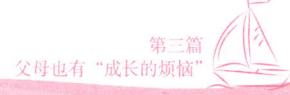

带孩子看电影，使孩子走出失恋的阴影的做法是值得其他父母借鉴的。而且爸爸非常贴心的没有陪着孩子进去观看，而是提前考察此电影是否适合孩子观看，然后再让孩子自己观看，这样孩子可以在观看的时候尽情发泄自己的不良情绪。爸爸等在外面，在孩子看完电影之后和孩子聊一下，让孩子彻底走出失恋的阴影。

也有的孩子失恋之后会觉得非常丢人。有些失恋者认为失恋是令人耻辱的，他们感到脸上无光、无地自容，产生强烈的自卑感，甚至因此离群索居。如果孩子有这样的想法，父母应该告诉孩子：任何事情的发展都有两面性，恋爱也是一样。恋爱一次成功固然可喜，但这毕竟只是一种可能性，所以谈恋爱时孩子就要有失恋的心理准备，失恋也是情理之中的事，是无可非议的。有思想、有志气的青年不应受世俗偏见的束缚，不能自己看不起自己。如果他们能从失恋中发现自己的不足，并有所进取，他们就可以从失恋中受益，就不愁今后找不到如意的伴侣了。

青春期的孩子遭遇感情问题时，用"失恋"这样的字眼形容也许有些牵强，因为这些孩子还没有真正开始恋爱就宣布自己失恋了。这样的失恋并不是成年人的失恋，而是对一份懵懂感情的失落感。因此，父母与其把孩子的感情遭遇看成是一次失恋，不如引导孩子正确看待失恋，把失恋当成是成长的必然过程。

## 孩子觉得奇装异服有个性

"个性"指的是个体的独特性和个别性，是一个人在思想、性格、品质、意志、情感、态度等方面不同于其他人的特质，这种特质突出表现在个体的语言方式、行为方式和情感表达方式等方面。随着孩子年龄的增长，他们的心理发育逐渐成熟，自我意识逐渐萌芽，于是他们试图将自己和他人区别开来，想要变成和别人不一样的人，从而突出自我存在感。尤其是在孩子进入青春期之后，他们便

想要与过去的自己有所不同，从而开始忤逆和反对父母，或者把自己打扮得与别人不一样，穿一些奇装异服或者戴各种奇奇怪怪的饰品，以彰显自己的与众不同，父母教育他们的时候，他们只说这叫有个性。但是，这时的父母大多都没有了解到孩子的真实心理，他们还以为是孩子学坏了或者是孩子一时心情不好，便通过打骂孩子的方式以压制其逆反情绪。其实孩子口中的个性仅仅是他们想变得与众不同而已，并不是故意要和父母对着干，他们只是试图找到自己的价值并建立自我认同感罢了。

孩子试图变得有个性、试图与众不同，这是孩子成长过程中的自然现象，父母不必担忧，只需要正确引导，但是父母要以一种孩子不反感的方式和孩子平等沟通。当孩子认为自己已经长大，可以自己决定事情的时候，如果父母还要帮着孩子做决定，或者不支持、不理解孩子自己做的决定，那么，孩子就会产生逆反心理，甚至可能会拒绝继续沟通，严重者还会离家出走。父母要学会正确引导孩子，而不是试图改造孩子。当孩子成长到一定阶段时，他会想要按照自己的行为准则做事，父母要尊重孩子的意见和想法，不要心急和发脾气，而是要心平气和地和孩子沟通。许多父母可能觉得孩子浑身是刺，自己一靠近孩子，孩子就发脾气，他们根本不给自己沟通的机会，当类似的代沟产生时，父母一定要放下长辈的身段，主动融入孩子的世界中去。

由于父母和孩子属于两代人，他们本身的生活经验和背景有很大不同，所以对同一件事情的看法也会有所差别。另外，当孩子进入青春期后，他们的自我意识与独立意识会逐渐增强，并想要脱离对父母的依附，这也有可能使得亲子关系变得紧张。如果这个时候，父母不能与孩子进行良好的互动，孩子就很可能会认为父母不理解自己，甚至对父母产生不满和忤逆的情绪，转而向同学和朋友倾诉心事。这样孩子和父母之间就真的形成代沟了。代沟是时代发展的产物，也是时代进步的标志，如果社会不发展，每个人出生和成长的背景都一样，或许就没有代沟这一说了。代沟容易使两代人对对方产生偏见，两代人轻则互不理解，重则互相敌视，所以父母和孩子都需要通过各种途径来尝试跨越代沟。

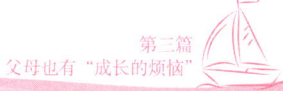

就拿对孩子的穿着来说，青春期的孩子开始关注自己的外貌和打扮，他们指望通过特殊的打扮让自己能够与众不同，因此他们追求个性，希望自己成为万人瞩目的焦点。父母应该理解孩子的这一心理特点，而不是一味指责孩子或强迫孩子改变。

## 父母如何跨越代沟

好的沟通可以让两代人的关系更加紧密，为孩子的成长提供和谐的家庭环境。

**首先**

父母要成为孩子的听众，平等地和孩子沟通，不要给孩子压迫感，也不要用命令和训斥的口气与孩子交流，要以理服人。

爸爸妈妈，你们都坐好，我有事要跟你们说。

你又有好事情要宣布吗？我们洗耳恭听哦。

**其次**

妈妈，我打算参加学校的舞蹈大赛了。

只要你自己决定了，我们没有意见的。

要允许孩子自己做决定，这样不但可以培养孩子的独立能力，也符合孩子成长过程中的心理需求。

**最后**

父母要与时俱进，多吸收新鲜的事物和资讯，跟上孩子的脚步，减少代沟产生的可能性。

我看看现在的孩子们都在玩什么。

丁丁是家里的独生子，他的家庭条件也还不错，因此，爸爸妈妈对丁丁总是有求必应。小的时候，丁丁还算是听话，并没有对父母提出过什么过分的要求。爸爸妈妈虽然尽量满足丁丁的物质需求，但是对丁丁的学习还是要求很严格的，所以丁丁的成绩也还算说得过去。

但是最近一段时间，妈妈发现丁丁似乎有些不太对劲。自从丁丁上初中之后，他就不喜欢穿爸爸妈妈给他买的衣服了，他总是向爸爸妈妈要钱之后自己去商场买衣服，爸爸妈妈觉得孩子也长大了，就随着他。但是，丁丁最近喜欢整天穿着嘻哈裤，还在耳朵上扎了4个耳洞，有时他还会戴上很大颗的耳钉，把自己弄得跟电视上的不良少年一样。刚开始的时候妈妈还好话好说地劝他，让他改变一下穿衣风格，但是丁丁却听不进去，丁丁认为自己的妈妈已经老了，她根本就不懂得时尚，看不惯现在的潮流，于是丁丁根本就不把妈妈的话放在心上。

周末的时候，丁丁说和朋友一块出去玩，结果回家的时候爸爸发现丁丁的头发成了彩虹。一道红一道绿的，哪里还像是人的头发呢！加上对最近丁丁表现的不满，爸爸说："我觉得你长大了，就不怎么说你，你看你这像什么？正常人有谁会把自己的头发染成这个样子！赶紧给我染回来！"丁丁根本就不吃这一套，说："你懂什么，现在年轻人都爱这么染，这叫有'个性'。再说了要是染回来，那还不让人家笑话吗？"爸爸听到后很生气，觉得现在孩子的想法自己真是弄不懂，时尚就是把自己的头发染个五颜六色吗？说着爸爸就揪着丁丁，把他带到理发店，盯着他把头发又染回来了。结果，回到家之后，丁丁连着一周都不理自己的爸爸，因为爸爸让他在朋友面前丢了面子。

相信我们走在大街上，会遇到很多像丁丁一样打扮的孩子，他们如此有个性的装扮，的确可以吸引人们的注意。那么，为什么孩子喜欢这样打扮自己呢？

首先，青春期的孩子追求个性、自由的生活，这是孩子青春期心理的最大特点。基于这样的心理，孩子们开始喜欢穿怪异的衣服，希望这样自己能够与众不同。其次，他们想通过身着奇装异服来弥补内心的不安。心理学家认为："如果一个人界限感薄弱的话，那么他除了能感到与他人的不同之处，他很难掌握和他

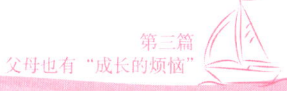

人之间该保持多远的距离。"许多孩子的内心极为不安，他们不确定自己的生活到底应该是什么样子的，为了弥补自己心中的不安，他们故意穿着夸张的衣服，人为地与外界划清界限，以此来缓解内心的不安情绪。

孩子到了青春期，便有了强烈的自我意识，他们认为自己怎样打扮都是自己的事情，不允许父母干涉，更讨厌父母对自己评头论足。其实，孩子的选择父母无可指责，或许，奇装异服能让孩子找到"特立独行""有个性"的感觉，孩子喜欢这样的服饰，其实是显示出他们心里的一种渴求。

### 孩子打扮奇怪父母怎么引导

面对孩子喜欢穿奇装异服的行为，父母在引导孩子的时候需要一定的策略，否则，只会起相反的作用。

1. 了解孩子喜欢奇装异服的心理，父母应该弄明白为什么这些东西会吸引孩子，明白原因之后，父母和孩子的沟通自然就会顺利。

2. 当然，父母还是应该尽量引导孩子选择适合自己年龄、身份的装束。

3. 帮孩子找回自信，很多孩子在意自己的外表是因为他们没有自信，父母可以通过多鼓励、多肯定孩子，帮助孩子建立自信心。

面对孩子的装扮，父母不要一味地否定，这样只会把孩子越推越远，父母应该先了解孩子的心理，再跟孩子多沟通，逐渐合理地引导孩子。

## 偶像为何让孩子如此着迷

说起偶像，很多人想到的就是电视明星或者电影明星等，其实每个人心中都有一个偶像，但是偶像并不只是这些影视明星，也可能是一个动漫人物，或者是一个科学家等各种能给人带来梦想的人物形象。无论是成年人还是小孩子，他们都有自己崇拜的偶像。比如，如果我们问七八岁的孩子："你们最崇拜谁？最喜欢的偶像是哪个啊？"他们可能会说"奥特曼""蜘蛛侠""铠甲勇士"等。他们除了要看这些偶像的节目之外，他们可能还会买这些偶像的玩具，有的孩子还会模仿这些偶像的言语、行为和服装等。

其实，在某个阶段迷恋某个人物或者某件事情，这对于孩子来说是正常的心理表现。因为他们正处于想象力旺盛和好奇心强烈的时期，当他们看到奥特曼、蜘蛛侠等如此厉害而且无所不能的人物时，他们的心中便充满了无限的向往和崇拜，并因此而被深深地吸引住了。这是七八岁孩子的心理特征，但是随着孩子在逐渐长大，孩子崇拜的偶像也会发生改变，可能不再是这些动画形象，而是一些自己喜欢的影视明星等。而且随着孩子心理的不断发育，他们还可能会出现追星的行为。

追星行为是指青春期的孩子过分崇拜迷恋影视明星或歌星的行为。心理学家表示：崇拜明星是青少年时期孩子的重要心理特征之一，是孩子青春期心理需求的反映。很多父母对于孩子的追星行为感到不理解，并认为这样会耽误孩子的学习，于是父母就会粗暴地阻止孩子的这一行为。其实，孩子追星并不是什么可怕的事情，父母不必太过担忧。孩子开始追星，说明孩子逐步融入社会，这是孩子社会化的表现，也是他们成长的必经阶段。在小的时候，孩子大多是崇拜自己的父母，整天黏着自己的父母。随着孩子年龄的增长，孩子开始将崇拜的感情从父母身上转移到别人身上。如果孩子在成长过程中一直崇拜父母，那么这个孩子或许永远不可能长大，他很容易在父母的庇佑和光芒中变得弱小和软弱。一般情况下，孩子在13岁左右就会产生逆反心理，开始有挑战父母权威的欲望和倾向。与此同时，孩子失去了对父母的崇拜，便要逐步寻找别的对象来让自己变得强大，有能力与父母抗衡。孩子崇拜的对象可能是公众人物，比如歌星、影星、运动员或画家等，也可能是他们身边的老师和年长的学长、学姐等。

### ❤❤ 孩子追星的心理 ❤❤

追星是青春期孩子的心理特征之一，具体来说，青春期孩子的追星心理有以下几个方面：

1.替代心理

由于孩子的性心理逐渐成熟，他们开始幻想自己恋人的形象，并把这种幻想转移到明星身上，以此获得满足。

2.从众心理

这个时期的孩子喜欢追逐潮流，而明星是时尚、潮流的代表，他们自然就成了孩子追逐、学习的目标。

3.炫耀心理

有的孩子喜欢模仿明星，收集明星的资料，以此作为与同学交流时炫耀的资本，抬高身价。

其实，追星本身并不过分，也没有什么可以批评和批判的。只是时下有些孩子追星过度，他们把大部分时间和精力都花在追星上，有的人甚至花大价钱跟着歌星进行全国巡演，他们觉得好像这样就可以和歌星建立某种更加亲密的关系。刘德华的超级粉丝杨丽娟的事例就可以很好地阐释追星过度的后果。父母要反对的是孩子的过度追星，如果孩子只是对明星有简单的崇拜和喜爱，父母也不必多加干涉。孩子之所以把明星设定为自己的偶像并加以追逐，除了他们外表光鲜之外，一定还有其他的原因，比如明星对艺术的不懈追求，对工作的认真态度。如果孩子能够正确而全面地认识自己的偶像，并视之为榜样，那未尝不是一件好事，因为孩子可以因此学习到偶像身上值得学习的东西。

韩华今年已经上初中二年级了，从上初中一年级开始，韩华就觉得自己的视野开阔了，以前自己就知道学习，但是初中之后爸爸为了让他方便学习就给他安装了一台电脑，专门供韩华使用。当然，韩华开始的时候只是用电脑来查资料的，但是后来他也会用电脑上上网、聊聊天、看看电影，别提多方便了，在网上什么样的电影都能看到。有的时候，韩华看到自己喜欢的明星演的电视剧他就会追剧。没法去看演唱会，他就在电脑上看自己喜欢的歌星的演唱会现场。

妈妈最近也发现韩华有些不对劲，每次韩华在电视上看到外国的摇滚歌星就兴奋到不行，满口都是那些明星的近况，他们在哪里举办了演唱会，又在哪里有签唱会等。要是让他说学习的事情，他倒是立马就闭嘴了，什么也不说了。

有一天，韩华也不知道从哪里听说了一个摇滚乐队要来他们城市附近的一个城市举办演唱会，这下韩华可高兴了，他和几个朋友说好要去现场看。但是他没有钱买门票，而且演唱会的时间还是上课时间。但这都没有阻止韩华的行动，他自己不吃饭省钱，还把自己存了几年的存钱罐打碎了拿出钱来买票，又旷课和几个朋友一块去看演唱会了。

由于韩华平常是住在学校里的，只有周末才会回家，所以爸爸妈妈也不知道韩华去看演唱会的事情。直到学校老师打电话给韩华的爸爸，告诉他说韩华最近两天都没有来上课，爸爸妈妈才知道韩华并不在学校里。没想到儿子居然这么迷

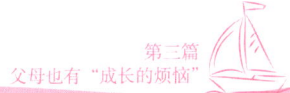

恋摇滚明星，难怪他的成绩总是下降呢，难怪他平常怎么也不剪头发，非要留长头发呢！原来他是想把自己也打扮成摇滚歌手啊！妈妈生气地到韩华的房间，把墙上的海报全撕下来，等韩华回来之后，又强迫他把头发剪掉。可是即使这样，妈妈也没有换来韩华的顺从，而是让他更加叛逆，他的成绩也是只降不升，母子关系也变得更加紧张。

韩华和妈妈的例子展现了一个热衷于追星的孩子和担忧的妈妈之间关系恶化的过程。许多父母认为孩子崇拜偶像、追星是不可取的，这不但会浪费时间和精

### 如何引导孩子的追星行为

每个人都有自己的偶像，孩子追星也是无可厚非的，只是父母应该引导孩子正确追星。

1. 巧妙运用名人效应

利用孩子的崇拜心理，开发明星身上的优良品质，让孩子学习这些好的品质。

2. 跟孩子一起追星

只要孩子是合理追星，父母不妨和孩子一起追，这样父母不仅可以从中引导孩子，还能改善亲子关系。

教育家孙云晓说过："我们每个人都有自己的偶像，父母也一样，所以父母千万不要嘲笑孩子的偶像。"青春期的孩子需要引导，在追星方面更是如此。

力，还会影响学习。父母认为与其他们崇拜这些明星，还不如崇拜李白、钱学森这样的人物，他们还能促进孩子的学习呢。但是孩子却认为自己喜欢电影明星、歌星并没有错，每个人都有权利追求自己喜欢的东西。

其实，两代人对追星的看法不同是很正常的，而且孩子的行为本身就相对比较激进，父母可以稍微理解一下孩子追星的行为，只要不是太过分，不至于影响孩子的学习就可以。孩子在成长的过程中会逐步调整和修正自己的行为，父母不必太过担忧。但是调整行为是需要一定时间和过程的，如果父母不明所以就对孩子的追星行为进行粗暴干涉，那么很有可能会适得其反，让孩子的逆反心理越来越严重，以至于破坏亲子关系。

当然，父母也要及时制止孩子不健康的追星行为。不健康的追星行为就是指孩子对偶像的崇拜已经超出了合理的范围，例如有的孩子听说自己喜欢的某位明星结婚了就大发脾气，甚至会认为自己受骗了。有的粉丝甚至觉得只有自己才有资格和偶像结婚。如果孩子有这种倾向，父母一定要及时开导他们，否则这会影响孩子的学业和身心健康。其实明星也是人，也有他们各自的优缺点，只不过因为他们总是出现在公众领域，所以更加吸引大众目光罢了。父母要告诉孩子明星有自己的生活，我们也有我们自己的生活，我们不能沉溺于别人的生活中不能自拔，我们应该将更多的时间用在学习和自己的生活中，实现自己的价值。

## 孩子竟然拉帮结伙、搞小团体

在一个学校里面，真正能给班级带来快感的并不是成绩好的孩子，可以这么说，学习成绩好的孩子给班级带来的更多的是不快。在孩子们的心中，正是因为他们的学习成绩突出，才会显得自己平庸，虽然这看起来是学习成绩差的孩子的一种嫉妒，但留在学习成绩差的孩子心里的阴影却是实实在在的。老师常常把好

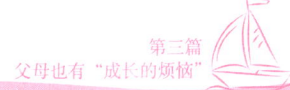

孩子作为榜样，对他们的赞许往往是与对坏孩子的批评同在的。这就使得孩子不愿意与好孩子在一起，因为与好孩子在一起是"不安全"的，这种"不安全"是孩子心理上的恐慌：第一，自己可能成为好孩子的反面比较对象，与好孩子越近，自己与好孩子的差距就会越明显，自己就可能遭受到精神上的打击；第二，自己与好孩子相比，可能就是一个"不好的孩子"，因为任何人都不想和坏孩子在一起，所以自己可能随时被好孩子拒绝，这样友谊就不稳定。孩子与好孩子在一起时他们的友谊容易被摧垮，孩子的精神容易遭受打击，这就是孩子感到的不安全。因此，孩子就不喜欢与好孩子在一起，在现实中我们也不难看到，成绩好的孩子往往都是独来独往的。

孩子喜欢和坏孩子在一起，这也是由于孩子缺乏安全感。

一个孩子要是在学校成绩平平，他就不会得到老师的关注，他又不敢接近好孩子，如果他的身边没有相同认同感的孩子，他就会感到很孤独。孩子的心是非常脆弱的，这种情况下孩子就会惧怕在学校上课，但在大人的要求下，孩子也只有勉强地待在学校里了。正是这种脆弱的情感，加强了孩子在学校的不安全感。

一个坏孩子，他在其他孩子中间的影响力是很大的，因为很多孩子都会受到他们的威胁，或者他们的敲诈勒索等。这时，很多孩子就会产生惧怕心理，但这种惧怕心理不仅仅是来源于潜在的被敲诈的危险，更多是坏孩子创造的"险恶环境"给他们带来的压力：打架、捉弄人、偷拿别人的东西……孩子在这种环境中就会感到很不安全。为了改善这种局面，孩子们往往会有两种选择：一是靠近拉帮结伙的坏孩子，与他们建立良好的关系，这样孩子们就感到安全了；二是自己拉帮派，拉一帮有共同遭遇的孩子建立属于自己的小集团，使自己有保护自己的能力。这样，我们看到的就是孩子在拉帮结伙的现象。

也许有人会问，好孩子为什么在学校不用拉帮结伙就能感到自己是安全的呢？原因就是好孩子能得到老师更多的关爱，他们更容易得到同学们的尊敬。因此，在学校时好孩子的心里是踏实的，他们没有必要在拉帮结派的孩子中寻求心理支持。

## 孩子拉帮结伙的原因

一是来自于孩子之间。因为"坏孩子"这时能体现出自己的优势，感到自己不再是一无是处了。

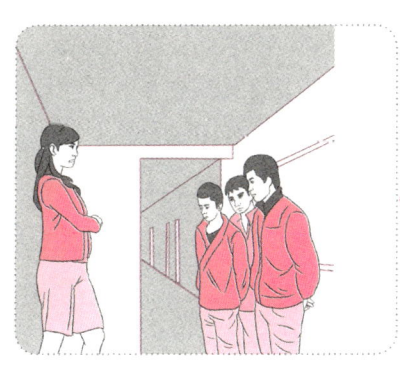

二是由于对老师的叛逆情绪。老师常常对表现不好的学生进行批评，这样容易激起孩子的逆反心理，他们从而通过搞破坏来报复老师。

三是孩子的虚荣心驱使。虚荣的孩子喜欢在别人面前耀武扬威，把欺负弱小看成是自己的荣誉。

小伟原本是个挺老实的孩子,他从小并不爱说话,学习成绩也不怎么好,一直都是在中游以下,爸爸妈妈也有心想要给他补补课,但是小伟根本就没有学习的心思,老师让他学习,到最后小伟连学校也不想去了。小伟的爸爸比较开明,觉得既然儿子不愿意学习就先不要逼他学了,现在小伟还在上小学,也许等他长大了上了中学以后可能他自己就知道学了。于是,爸爸也就随着他了。

但是最近妈妈发现小伟上学的积极性高了很多,以前小伟经常要妈妈喊好几遍才磨磨蹭蹭地去上学,现在他特别积极,还经常催着妈妈赶紧送自己去上学呢,而且在家的时候妈妈也感觉小伟开朗了很多,好像有自信了。以前因为小伟成绩不好,在家里妈妈也经常觉得他有些不自信,但是现在他就好多了。妈妈虽然奇怪,但是觉得孩子这样也挺好的,就也没有多在意。

后来,小伟的一个同学的父母在接孩子的时候,找到小伟的妈妈说:"以后你们可要注意一点,多管教一下孩子,他这样整天拉帮结伙欺负别人可不好。"原来小伟欺负人家的孩子了,妈妈觉得不可思议,小伟从小就有些内向,也很老实,他怎么可能会欺负别人呢?后来,妈妈也到学校老师那里去了解,原来小伟的变化是因为他加入了一个小团伙中,从此他做事就有底气了,小伟不光自信起来了,还学会了欺负别人,他简直成了一个坏孩子了。

就像小伟这样在学校里拉帮结派,在其他孩子眼中这是一种强势的表现,他们在其他孩子面前就会成天趾高气扬的。这种唯我独尊的架势使这样一群孩子在心理上得到很强的满足感,这种满足感使孩子沉迷于帮派中不能自拔。

拉帮结派的孩子基本上都像小伟一样是在平时表现不好的孩子,他们在生活中得到最多的是批评,这些批评充斥着孩子的生活。心理学研究表明,对孩子优点的肯定与赞美,可以使孩子获得心理上的满足,从而使孩子产生放松、愉悦的心理状态。而教育者在面对孩子时只有更多的批评,这样孩子就总是处于一种贬低的教育中,在自信心丧失殆尽的同时,孩子又非常渴望得到成功的体验,这种体验是可以来自多方面的,当然也包括拉帮结派给自己带来的满足感。

孩子脆弱的心灵需要成就感来满足，但现实中，学习的失败使他们的心理没有得到任何满足，于是在校园里"模拟江湖"便成了他们最爱玩的游戏，他们可以成群结队地在学校里任意妄为，这让他们忘记了考试、忘记了竞争、忘记了学习和生活带来的压力，忘记了老师和同学的责骂和鄙视。他们在拉帮结派中还能体验到成功的喜悦，他们在同学面前表现出的唯我独尊的气势淡化了他们在学业上的失败感，于是，很多孩子沉溺于这种帮派生活中不能自拔。

也正是因为如此，孩子才更容易和坏孩子在一起拉帮结派，不是因为孩子不求上进或自甘堕落，是因为孩子缺乏安全感和成就感。所以，父母在抱怨孩子之前，首先应该给孩子足够的关爱，给孩子更多的鼓励而不是批评孩子，让孩子有一个安全的心理环境，让他们体会到父母对他们的关爱，这才是改变孩子拉帮结派的有效方法。